"十三五"江苏省高等学校重点教材
（编号：2019-2-092）

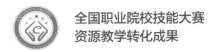 全国职业院校技能大赛
资源教学转化成果

机电一体化项目教程

JIDIAN YITIHUA XIANGMU JIAOCHENG

主　编　张文明　沈　治
主　审　王晓勇

高等教育出版社·北京

内容提要

本书是"十三五"江苏省高等学校重点教材(编号:2019-2-092),是全国职业院校技能大赛资源教学转化成果。

本书以大赛项目设备为学习载体,以工作过程为导向。首先对机电一体化项目赛项进行介绍,然后针对所需掌握的核心技术进行讲解,最后通过分解机电一体化赛项任务书设计任务,实现设备的联机运行和系统优化。本书附有相关赛项的样题,供学生学习和测试。

为方便教学,本书配套 PPT 课件、动画、视频等丰富的教学资源,其中部分资源以二维码形式在书中呈现,其他资源可通过封底的联系方式获取。

本书可作为高等职业院校机电一体化、自动化等专业相关课程的教学用书,也可作为院校开展工程创新实践活动的指导用书。

图书在版编目(CIP)数据

机电一体化项目教程 / 张文明,沈治主编. —北京:高等教育出版社,2021.6(2023.8 重印)

ISBN 978-7-04-055464-9

Ⅰ.①机… Ⅱ.①张… ②沈… Ⅲ.①机电一体化—高等职业教育—教材 Ⅳ.①TH-39

中国版本图书馆 CIP 数据核字(2021)第 075222 号

策划编辑 张尕琳	**责任编辑** 张尕琳 谢永铭	**封面设计** 张文豪	**责任印制** 高忠富	

出版发行	高等教育出版社	网　　址	http://www.hep.edu.cn
社　　址	北京市西城区德外大街 4 号		http://www.hep.com.cn
邮政编码	100120	网上订购	http://www.hepmall.com.cn
印　　刷	杭州广育多莉印刷有限公司		http://www.hepmall.com
开　　本	787mm×1092mm　1/16		http://www.hepmall.cn
印　　张	18.25		
字　　数	326 千字	版　　次	2021 年 6 月第 1 版
购书热线	010-58581118	印　　次	2023 年 8 月第 3 次印刷
咨询电话	400-810-0598	定　　价	40.00 元

配套学习资源及教学服务指南

二维码链接资源

本书配套视频、动画、图片等学习资源，在书中以二维码链接形式呈现。手机扫描书中的二维码进行查看，随时随地获取学习内容，享受学习新体验。

打开书中附有二维码的页面   扫描二维码   查看相应资源

教师教学资源索取

本书配有课程相关的教学资源，例如，教学课件、习题及参考答案、应用案例等。选用教材的教师，可扫描以下二维码，关注微信公众号"高职智能制造教学研究"，点击"教学服务"中的"资源下载"，或电脑端访问地址（101.35.126.6），注册认证后下载相关资源。

★ 如您有任何问题，可加入工科类教学研究中心QQ群：243777153。

本书二维码资源列表

页码	类型	说明	页码	类型	说明
001	动画	机电一体化项目大赛介绍	031	文本	步进驱动器接线端口定义
001	视频	选手与指导教师访谈	032	图片	伺服系统结构示意图
002	视频	职业素养要求	033	文本	伺服驱动器 MR-JE 端口定义
002	视频	实训室建设方案	033	文本	伺服驱动器接线
003	动画	设备整体介绍	033	视频	伺服驱动器参数设置
003	视频	设备整体运行	035	文本	ABB 工业机器人安装
004	动画	设备组成单元功能介绍	035	文本	ABB 工业机器人软件中工作站建立
008	图片	线路板连接示意图	035	视频	RobotStudio 软件的应用
008	图片	信号按键贴膜电路图	035	视频	AutoShop 软件的应用
009	图片	电源控制贴膜电路图	037	动画	颗粒上料单元运行
009	图片	25 针母接头与其他接口连接示意图	041	动画	传送带安装过程
010	图片	37 针接线板母头与接线端子连接示意图	041	视频	传送带安装示范
010	图片	37 针 I/O 转换板母头与接线端子连接示意图	041	文本	传送带安装步骤
010	图片	15 针接线板母头与接线端子连接示意图	041	动画	循环选料装置安装过程
011	文本	15 针接线板 PNP 与 NPN 转换说明	041	视频	循环选料装置安装示范
011	图片	桌面线路板连接示意图	042	文本	循环选料装置安装步骤
014	文本	门槛值手动设定步骤	042	动画	物料填充装置安装过程
014	视频	传感器的连接与调试	042	视频	物料填充装置安装示范
026	文本	数字流量计安装注意事项	042	文本	物料填充装置安装步骤
026	文本	数字流量计调试方法	043	动画	颗粒上料单元整体安装与调试
028	文本	真空压力开关常用功能操作方法	043	视频	颗粒上料单元整体安装与调试
030	文本	变频器控制端子功能描述	066	动画	颗粒上料单元运行
030	文本	变频器的基本操作及参数设置	071	视频	变频器面板基本操作

页码	类型	说明	页码	类型	说明
071	视频	变频器参数变更	122	动画	检测分拣单元整体安装与调试
071	视频	变频器运行模式设定	127	文本	检测分拣单元传感器安装步骤
071	视频	变频器参数设置	129	动画	检测分拣单元运行
077	视频	MCGS 软件的应用	143	视频	检测分拣单元故障示例
081	视频	电压法检测	145	动画	机器人搬运单元运行
081	视频	颗粒上料单元故障示例	146	动画	盒底供送装置安装过程
085	动画	加盖拧盖单元运行	146	视频	盒底供送装置安装示范
089	动画	加盖装置安装过程	147	文本	盒底供送装置安装步骤
089	视频	加盖装置安装示范	147	文本	机器人夹具安装步骤
089	文本	加盖装置安装步骤	147	动画	机器人搬运单元整体安装与调试
090	动画	拧盖装置安装过程	149	文本	机器人搬运单元步进驱动器接线步骤
090	视频	拧盖装置安装示范	157	动画	机器人搬运单元运行
090	文本	拧盖装置安装步骤	184	视频	脉冲输出指令
090	动画	加盖拧盖传送带安装过程	191	动画	智能仓储单元运行
090	视频	加盖拧盖传送带安装示范	192	动画	智能仓库安装过程
090	文本	加盖拧盖传送带安装步骤	192	视频	智能仓库安装示范
091	动画	加盖拧盖单元整体安装与调试	192	文本	智能仓库安装步骤
093	视频	自动贴标线	193	动画	堆垛机安装过程
101	动画	加盖拧盖单元运行	193	视频	堆垛机安装示范
105	视频	加盖拧盖单元 PLC 编程	193	文本	堆垛机安装步骤
115	视频	加盖拧盖单元故障示例	202	文本	认识伺服系统
119	动画	检测分拣单元运行	202	动画	智能仓储单元运行
120	动画	检测分拣主传送带安装过程	213	视频	智能仓储单元故障示例
121	文本	检测分拣主传送带安装步骤	215	视频	通信网络技术
121	动画	辅传送带安装过程	235	视频	国赛任务详解

前　言

本书是"十三五"江苏省高等学校重点教材（编号：2019-2-092）。随着全球新一轮科技革命和产业变革突飞猛进，新一代信息、生物、新材料、新能源等技术不断突破，并与先进制造技术加速融合，为制造业高端化、智能化、绿色化发展提供了相关技术支持。为了支撑智能制造企业高质量发展，培养大批量满足企业需求的高端技术技能型人才，本书全面贯彻落实党的二十大精神，对接世界技能大赛、全国职业院校技能大赛"机电一体化项目"，将大赛的知识和技能转化为课程教学内容，通过深度剖析赛项特点，形成具有代表性的学习任务，着重培养学生的知识、技能和综合素质，旨在帮助未来的现场工程师提升核心竞争力，成为建设中国式现代化有理想、敢担当、能吃苦、肯奋斗的新时代好青年。

本书以"机电一体化项目"赛项设备为教学载体，以工作过程为导向，遵循学生的认知规律和学习规律。首先介绍"机电一体化项目"赛项建设背景和赛项特色，着重介绍了 SX-815Q 机电一体化综合实训设备的组成、参数和工作流程。其次针对应用该设备所需掌握的知识点以工作任务的方式，从元器件的外形、原理、电气连接、实际使用等逐一进行了讲解。随后通过分解机电一体化项目赛项任务书，根据各工作单元的功能，分别从单元机械结构件的组装与调整、单元电路与气路的连接及操作、单元功能的编程与调试、单元人机界面的设计与测试、单元故障诊断与排除来设计任务，最终实现设备的联机运行和系统优化。书末附有 2019 年江苏省职业院校技能大赛"机电一体化项目"赛项样题，供学生学习和测试。

本书的主要特色是每个实践任务都包含了任务描述、任务实施、任务评价和任务拓展，同时还配有文本、图片、动画、视频等数字化的学习资源，帮助学生理解和巩固所学内容。

本书由常州纺织职业技术学院张文明和常州工业职业技术学院沈治担任主编，常州纺织职业技术学院颜建美、师帅，以及山东商务职业技术学院郭奉凯、南京工业职业技术大学倪寿勇担任副主编。张文明负责导言的编写和全书的策划指导；颜建美编写上篇的任务1、任务2、任务4，并负责全书的统稿；师帅编写上篇的任务3、任务5；沈治编写下篇的任务6、任务7和任务11；郭奉凯编写下篇的任务8、任务9和任务10；倪寿勇编写附录。南京工业职业技术大学王晓勇教授担任本书主审。

由于编写者水平有限，书中难免有不足之处，敬请广大教师和学生指正并提出宝贵意见，意见反馈的电子邮箱是 284314093@qq.com。

编　者

目　　录

导　言

一、机电一体化项目赛项介绍

1. 机电一体化项目"国赛"背景

为了落实《国务院关于加快发展现代职业教育的决定》关于"提升全国职业院校技能大赛国际影响"的有关要求,全国职业院校技能大赛(简称"技能大赛")引入了目前世界技能大赛水平高、竞赛规则规范的"机电一体化项目"赛项。该赛项借鉴世界技能大赛的成功经验,借助我国职业院校、企业多年参与"世赛""国赛"积累的优势,以及我国企业院校多年组织参加世界技能大赛论坛、培训的经验,促进技能大赛对接世界技能大赛,进一步提升我国职业院校技能大赛的水平与影响力,同时借鉴世界技能大赛在竞赛方式、竞赛规程、竞赛标准、竞赛设备和评价体系的先进经验,通过世界技能大赛先进国家选手和国内选手同场切磋技艺和技术标准的交流,推进我国职业教育技能大赛国际化,达到世界职业技能大赛先进水平,引导我国职业教育教学模式、考核模式、评价模式进一步改革。

动画:机电一体化项目大赛介绍

"中国制造 2025"提出了我国迈向制造强国的发展战略,以智能制造应对新一轮科技革命和产业变革,创新驱动、智能转型、强化基础、绿色发展、人才为本等是关键环节,并将机器人及智能装备纳入重点发展的十大领域。"机电一体化项目"赛项不仅能够检验职业教育教学成果,而且推动了全国职业院校智能制造技术相关专业建设,可提高智能制造技术技能人才培养质量,能为"中国制造 2025"培养高素质国际化技术技能人才。

视频:选手与指导教师访谈

"机电一体化项目"赛项关联的职业岗位面广,且人才需求量大,涉及职业院校开设的专业多。赛项设计体现了高等职业教育装备制造大类的核心技能和知识,突出了职业规范、职业精神与创新意识,能够检验参赛选手的综合职业能力。赛项的竞赛内容对应相关职业岗位或岗位群的核心能力与核心知识、技能要求,对应专业教学标准,满足企业用人要求,能够服务于产业升级与社会发展。

2. 机电一体化项目赛项的特色

世界技能大赛"机电一体化项目"赛项已经成功举办了 8 届,该赛项是目前举办的世界技能大赛里水平最高、竞赛规则最全、最规范的赛项之一。我国职业院校制造类专业通过多年发展,在"机电一体化项目"赛项上已经有了较为扎实的基础,该赛项的引入符合中国国情。目前国内的技能大赛竞赛平台与世界技能大赛的技术标准、产品标准和工艺规范等已基本实现对接。

国内的技能大赛竞赛平台依据世界技能大赛标准设计,有利于教学创新与先进的教学法的应用;有利于学生的专项能力、核心能力、社会能力、应用能力等综合职业能力的培养;利于学生的安全意识、环保意识、节能意识的培养。

3. 技能大赛标准引领教学改革

技能大赛要能够体现行业发展趋势和业界最新动态,是对最新企业生产工作任务的归纳梳理,以确保技术标准和竞赛内容能够充分体现职业所需要的技能。世界技能大赛技术标准、人才标准和评价标准对我国职业院校技能人才培养体系建设具有引领示范作用。

转化 1:技能大赛技术标准融入人才培养方案。加强规则意识、质量意识、安全意识、环保意识等职业素养的养成教育,职业道德、职业技能和职业规范培养并重。

转化 2:技能大赛知识与技能转化为课程教学标准。技能大赛文件对课程教学标准的影响最为直接,该文件会详细呈现该项目对参赛者的要求,包括知识要求、技能要求、综合素养要求等。每项要求均作了具体详细的说明,与课程教学标准有较多对应。

转化 3:技能大赛的题目转化为教学项目或教学活动。技能大赛的题目包括样题和赛题,可直接设计成宜于教学的项目和活动。题目源自实际工作,命题强调操作的规范与标准,题目的取材兼顾考虑了工作任务的典型性、材料的新功能特性、技术或工艺的先进性。因此,可将题目转化成为好教易学的教学项目或教学活动。

转化 4:技能大赛评分规则转化为教学评价体系。技能大赛评分规则是一个科学、准确的评价体系,它既关注选手的技能,也注重工作过程。如工具的使用,安全防护的执行,质量、环保意识的养成等。这种通过完成任务的过程进行全面细致考察而形成评价结果的方法,不仅能促进教学评估水平,还能培养学生严谨和精益求精的工作作风,这也是"工匠精神"在实训教学的实践。

转化 5:技能大赛场地布局设计转化为教学实训场地建设。对教学场地的建设影响较大的是技能大赛各项目比赛场地的工位布局与设备配置要求文件及集训基地的建设方案。世界技能大赛对场地建设有细致全面的要求,且与"健康与安全防护""环保"等相关条例有密切的关系,要求能提供完成工作所需要的安全、高效的场地设备支持。教学场地建设方案参照世界技能大赛赛场布局进行设计,让技能大赛成果服务技能人才的培养,惠及更多学生。竞赛现场如图 0-1 所示。

图 0-1 竞赛现场

二、机电一体化项目赛项用设备介绍

1. 设备整体概况

目前机电一体化项目赛项用设备为 SX-815Q 机电一体化综合实训设备，如图 0-2 所示。SX-815Q 机电一体化综合实训设备的功能包括智能装配、自动包装、自动化立体仓储及智能物流、自动检测质量控制、生产过程数据采集及控制系统等。该设备应用了工业机器人技术、PLC 控制技术、变频控制技术、伺服控制技术、工业传感器技术、电动机驱动技术等工业自动化相关技术，可实现空瓶上料、颗粒物料上料、物料分拣、颗粒填装、加盖、拧盖、物料检测、瓶盖检测、成品分拣、机器人抓取入盒、盒盖包装、贴标、入库等智能生产过程。

动画：设备整体
介绍

视频：设备整体
运行

图 0-2 SX-815Q 机电
一体化综合实训设备

2. 设备组成

（1）设备组成单元

SX-815Q 机电一体化综合实训设备由颗粒上料单元、加盖拧盖单元、检测分检单元、机器人搬运单元和智能仓储单元组成，如图 0-3 所示。

(a) 颗粒上料单元　　　　(b) 加盖拧盖单元　　　　(c) 检测分拣单元

图 0-3　SX-815Q 机电一体化综合实训设备的组成

(d) 机器人搬运单元　　　　(e) 智能仓储单元

① 颗粒上料单元如图 0-3a 所示。上料传送带将空瓶逐个输送到主传送带；同时循环选料将料筒内的物料推出，根据颜色对颗粒物料进行分拣；当空瓶到达填装位后，顶瓶装置将空瓶固定，主传送带停止；上料填装模块将分拣到位的颗粒物料吸取并放入空瓶内；物料瓶内的物料到达设定的颗粒数量后，顶瓶装置松开，主传送带启动，将物料瓶输送到下一个工位。本单元可以设定多种填装方式，可以物料颜色（2 种）和颗粒数量（最多 4 粒）进行不同的组合，产生 8 种填装方式。

② 加盖拧盖单元如图 0-3b 所示。物料瓶被输送到加盖位，加盖位顶瓶装置将物料瓶固定，加盖机构启动加盖流程，将盖子（白色或蓝色）加到物料

瓶上；加上盖子的物料瓶继续被送往拧盖位，到达拧盖位顶瓶装置将物料瓶固定，拧盖机构启动拧盖流程，将瓶盖拧紧。

③ 检测分拣单元如图 0-3c 所示。完成了加盖拧盖的物料瓶在本单元进行检测。回归反射传感器检测瓶盖是否拧紧，拱形门机构检测物料瓶内部颗粒是否符合要求，对拧盖与颗粒均合格的物料瓶进行瓶盖颜色的判别并区分，拧盖或颗粒不合格的物料瓶被分拣机构推送到废品传送带上（辅传送带），拧盖与颗粒均合格的物料瓶被输送到传送带末端，等待机器人搬运。

④ 机器人搬运单元如图 0-3d 所示。本单元有两个升降台模块存储包装盒和包装盒盖。升降台 A 将包装盒推向物料台上，机器人将物料瓶抓取放入物料台上的包装盒内，包装盒 4 个工位放满物料瓶后，机器人从升降台 B 上吸取盒盖，盖在包装盒上，机器人根据瓶盖的颜色对盒盖上的标签位分别进行贴标，贴完 4 个标签等待进入智能仓储单元入库。

⑤ 智能仓储单元如图 0-3e 所示。本单元由一个弧形立体仓库和 2 轴伺服堆垛模块组成。堆垛模块把机器人搬运单元物料台上的包装盒体吸取出来，然后按要求依次放入仓库相应的仓位。仓库（2×3）每个仓位均安装一个检测传感器，堆垛模块水平轴为一个精密装盘机构，堆垛模块垂直轴为涡轮丝杠升降机构，均由精密伺服电动机控制。

（2）设备配件

SX-815Q 机电一体化综合实训设备的主要配件为触摸屏组件、电源盒组件和装配桌，如图 0-4 所示。

图 0-4　SX-815Q 机电一体化综合实训设备的主要配件

(a) 触摸屏组件　　　(b) 电源盒组件　　　　　(c) 装配桌

① 触摸屏组件如图 0-4a 所示。将触摸屏安装在智能仓储单元，与智能仓储单元控制器 PLC 连接通信，其他单元的监控信号由此单元的 PLC 通过 485 网络通信获得。

② 电源盒组件如图 0-4b 所示。由 6 个单元交流电源组成，并且 6 个单元均为单相三线电源，同时还具有漏电保护、过流保护等用电安全保护功能。

③ 装配桌如图 0-4c 所示。由桌身和桌面两部分组成。桌身用喷塑方

管焊接后组装连接,桌面用高密度中纤板,表面贴压防火板,具有耐腐蚀、防静电作用。整个装配桌可随意拆装,方便运输安装。

SX-815Q 机电一体化综合实训设备的其他配件见表 0-1。

表 0-1 SX-815Q 机电一体化综合实训设备的其他配件

名称	规格型号	配件图片	名称	规格型号	配件图片
空气压缩机	TYW-1		气动二联件手滑阀接头	AFR1500 HSV-06 APC6-01	
数据线	SC-09		6 轴机器人通信线	3 m 网线	
USB 数据线	一端方口 一端标准口		包装盒	方形 4 格、盒盖	
物料瓶、瓶盖	圆形		标签	圆形	
颗粒物料	圆形				

(3)设备技术参数

SX-815Q 机电一体化综合实训设备的技术参数见表 0-2。

表 0-2　SX-815Q 机电一体化综合实训设备的技术参数

技术参数		SX-815Q（ABB 机器人）参数规格	SX-815Q（三菱机器人）参数规格
系统电源		三相五线制 AC 380 V/ 单相三线制 AC 220 V	三相五线制 AC 380 V
设备质量		386 kg	
额定电压		AC 380（1±5%）V/AC 220（1±5%）V	AC 380（1±5%）V
额定功率		1.9 kW /1.1 kW	1.9 kW
环境相对湿度		≤ 90%	
设备尺寸		420 cm×72 cm×150 cm（长 × 宽 × 高）	
工作站尺寸		480 cm×300 cm×150 cm（长 × 宽 × 高）	
安全保护功能		急停按钮、漏电保护、过流保护	
PLC		汇川 H2U-1616MR/H2U-3624MR/H2U-2416MT/H2U-3232MT	
伺服系统	驱动器	MR-JE-10 A	
	电动机	HG-KN13J-S100	
变频器		FR-D720S-0.4K-CHT	
步进系统	驱动器	YKD2305M	
	电动机	YK42XQ47-02A	
工业机器人	本体	ABB 6 轴机器人 IRB 120	三菱 6 轴机器人 RV-2SD-S70
	控制器	IRC5	CR751-D

（4）电源控制箱

电源控制箱用于为设备各单元提供电源及必要的保护、指示功能。30 mA 的漏电保护电流，提高了设备用电的安全性，电源控制箱如图 0-5 所示。

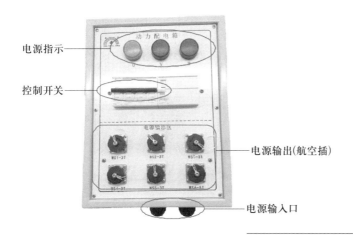

图 0-5　电源控制箱

电源指示

控制开关

电源输出(航空插)

电源输入口

电源控制箱技术参数如下：

工作电源：三相五线 AC 380 V/50 Hz（SX-815Q-09）；单相三线 AC 220 V/50 Hz（SX-815Q-09B）。

额定电流：5 A。漏电保护电流：30 mA。环境温度：$0\ ℃ ≤ T ≤ 50\ ℃$。环境相对湿度：≤ 80%。外形尺寸：226 mm × 296 mm × 125 mm。

（5）控制面板

① 控制面板主要有 6 个部分，其正、反面布置如图 0-6 所示。

② 信号按键贴膜与线路板及接口说明如图 0-7 所示。

图片：线路板连接
示意图

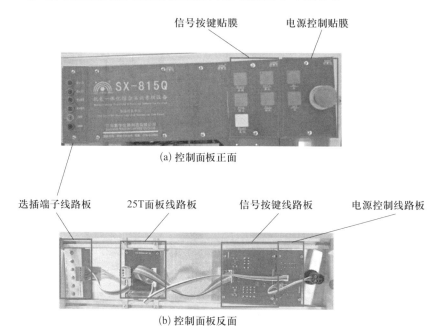

（a）控制面板正面

（b）控制面板反面

图 0-6　控 制 面 板 正
面、反面布置

图片：信号按键贴
膜电路图

图 0-7　信号按键
贴膜与线路板及
接口说明

③ 电源控制贴膜与线路板如图 0-8 所示。

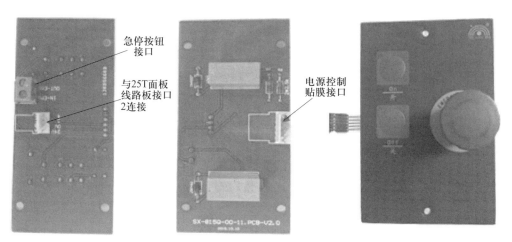

图 0-8　电源控制贴膜与线路板

④ 25T 面板线路板主要通过母接头来连接外部信号,再把信号连接到其他线路板上。25T 面板线路板(正面)如图 0-9 所示。

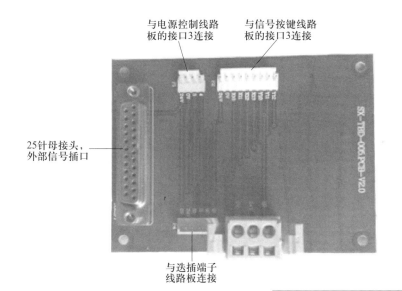

图 0-9　25T 面板线路板
（正面）

图片:电源控制贴膜电路图

图片:25 针母接头与其他接口连接示意图

（6）信号连接件

① 37 针接线板。37 针接线板分为 I/O 直通板和 I/O 转换板两种。

I/O 直通板作为 PLC 输入输出点与桌面元器件(传感器、电磁阀、电动机)接线的媒介,PLC 将信号点通过线缆连接到接线板上,元器件直接把线接到接线板相应的端口上,即可实现与 PLC 信号连接。37 针 I/O 直通板如图 0-10 所示。

图片:37针接线板
母头与接线端子连
接示意图

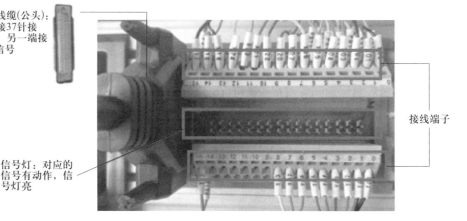

接头线缆(公头):
一端接37针接
线板,另一端接
PLC信号

接线端子

信号灯:对应的
信号有动作,信
号灯亮

图 0-10　37 针 I/O
直通板

图 片:37针I/O转
换板母头与接线端
子连接示意图

在实际工程中,有些 PLC 或设备只配置 PNP 型的输入或输出,而有些 PLC 或设备只配置 NPN 型的输入或输出,此时就可能会用到 I/O 转换板。I/O 转换板可以实现电平的转换,即 NPN(低电平有效)转换为 PNP(高电平有效)、PNP 转换为 NPN,因 ABB 机器人 I/O 的输入、输出均为 PNP,PLC 的输入、输出均为 NPN,所以在机器人搬运单元需要用到 I/O 转换板,37 针 I/O 转换板如图 0-11 所示。晶体管信号有 PNP、NPN 的转换问题,若是按钮或开关等的触点信号则不存在此转换问题。

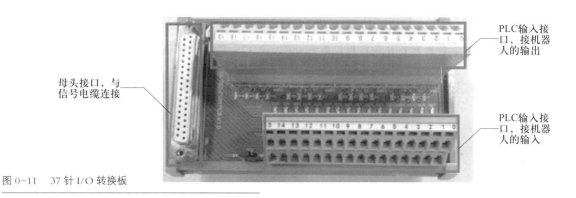

PLC输入接
口,接机器
人的输出

母头接口,与
信号电缆连接

PLC输入接
口,接机器
人的输入

图 0-11　37 针 I/O 转换板

图片:15针接线板
母头与接线端子连
接示意图

② 15 针接线板。部分元器件通过该接线板与主接线板连接,实现与 PLC 信号点连接,通过中转即方便接线,又能实现元器件的模块化管理。15 针接线板如图 0-12 所示。

信号灯

接线端子

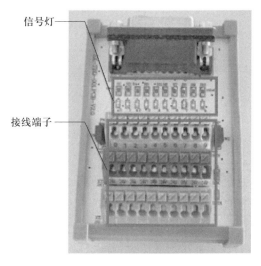

接头线缆(公头)：一端
接15针接线板，另一端
接37针接线板对应端口

文本：15针接线板
PNP与NPN转换
说明

图片：桌面线路板
连接示意图

图 0-12　15 针接线板

上 篇
核心技术

任务 1 传感器技术

传感器是将被测量的物理量转换成电信号的装置。它类似于人的感官，就像是人类感官的延伸，也称为"电五官"。

SX-815Q 机电一体化综合实训设备的颗粒上料单元、加盖拧盖单元、检测分拣单元、机器人搬运单元和智能仓储单元主要涉及光纤传感器、光电传感器和磁性开关。传感器在各单元的使用见表 1-1。

表 1-1 传感器在各单元的使用

单元	光纤传感器	光电传感器	磁性开关
颗粒上料	颜色确认检测	—	8 个气缸限位
	料筒物料检测		
	物料瓶上料检测		
	颗粒填装位检测		
	颗粒到位检测		
加盖拧盖	加盖位检测	瓶盖料筒检测	6 个气缸限位
	拧盖位检测		
检测分拣	传送带进料检测	瓶盖拧紧检测	1 个气缸限位
	瓶盖颜色检测		
	三、四颗物料位检测		
	传送带出料检测		
	不合格到位检测		
机器人搬运	—	升降台 A、B 原点检测	5 个气缸限位
		物料台检测	
智能仓储	—	仓位检测	2 个气缸限位
		原点检测	

任务 1-1　光纤传感器的使用

任务描述

认识光纤传感器的作用及安装；电气接线与调试。

光纤传感器也是一种光电传感器，它能够在人达不到的地方起到人的耳目作用，而且还能超越人的耳目功能，接收人的感官所感受不到的外界信息。光纤传感器具有体积小、质量轻、抗电磁干扰、防腐蚀、灵敏度高、测量带宽很宽、检测电子设备与传感器间隔可以很远、使用寿命长等优点，应用越来越广泛。

SX-815Q 机电一体化综合设备中光纤传感器主要作用是进行物料颜色辨识、物料有无检测、物料瓶定位、颗粒到位检测等。光纤传感器的使用见表 1-2。

表 1-2　光纤传感器的使用

单元	用途	型号	实物
颗粒上料	颜色确认检测	FM-E31	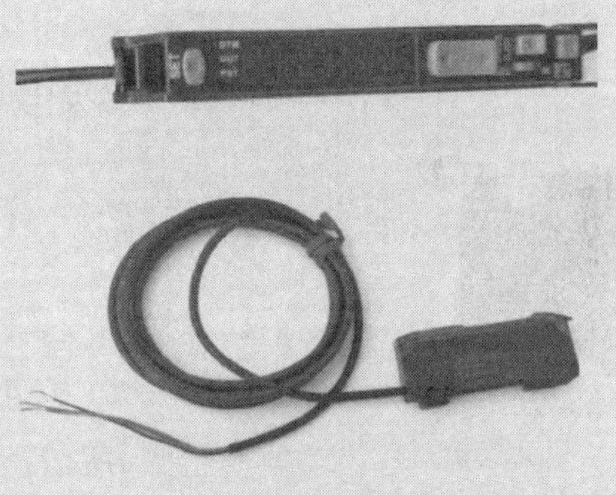
	料筒物料检测		
	物料瓶上料检测		
	颗粒填装位检测		
	颗粒到位检测		
加盖拧盖	加盖位检测		
	拧盖位检测		
检测分拣	传送带进料检测		
	瓶盖颜色检测		
	三、四颗物料位检测		
	传送带出料检测		
	不合格到位检测		

任务实施

1. 安装

SX-815Q 机电一体化综合设备中运用的光纤传感器是国产的 FM-E31 型智能光纤放大器，主要由光纤检测头和光纤放大器两部分组成。

光纤检测头的尾端分成两条光纤,使用时分别插入放大器的两个光纤孔。光纤在安装使用时严禁大幅度折曲,严禁向光纤施加拉伸、压缩等。

2. 电气接线与调试

FM-E31 型智能光纤放大器是 NPN 三极管集电极开路输出型。FM-E31 型智能光纤放大器输出电路如图 1-1 所示。该放大器的输出有三根线,分别是棕色线、黑色线和蓝色线。在使用时,要将直流电源(12 ~ 24 V)的高电位接到棕色线,低电位接蓝色线,输出负载分别接棕色线和黑色线。

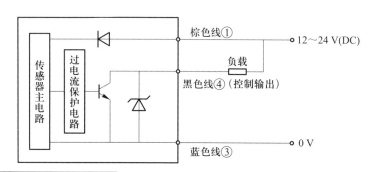

图 1-1　FM-E31 型智能光纤放大器输出电路

文本:门槛值手动
设定步骤

在调试时可以通过调整极性和门槛值来合理使用传感器。门槛值的大小可以根据环境变化及具体要求来设定。门槛值设定可以采用手动法、一点示教和两点示教的方法。手动法最简单且常用。依据工件的受光量,建议把门槛值设为有工件和无工件时受光量的中间值。

任务 1-2　光电传感器的使用

视频:传感器的连
接与调试

✏ **任务描述**

认识光电传感器的作用及安装,电气接线与调试。

SX-815Q 机电一体化综合实训设备中的光电传感器主要作用是进行瓶盖料筒检测、瓶盖拧紧检测、升降台原点检测、物料台和仓位检测等,光电传感器的使用见表 1-3。

表 1-3　光电传感器的使用

单元	用途	型号	实物
加盖拧盖	瓶盖料筒检测	UE-11D NPN	

续表

单元	用途	型号	实物
检测分拣	瓶盖拧紧检测	E3ZG-R61-S 2M	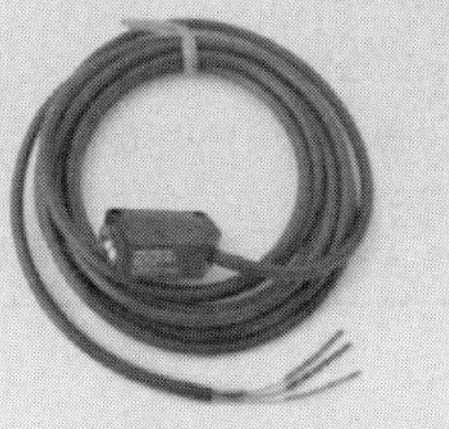
机器人搬运	升降台 A 原点检测	EE-SX951-W 1M	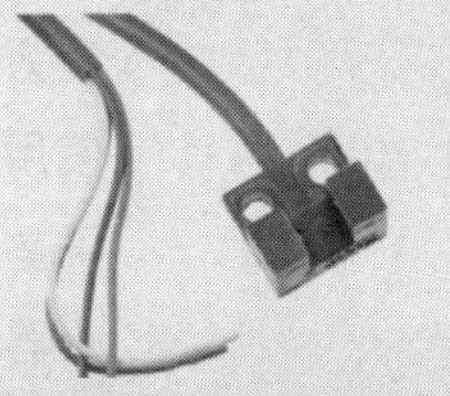
	升降台 B 原点检测	EE-SX951-W 1M	
	物料台检测	UE-11D NPN	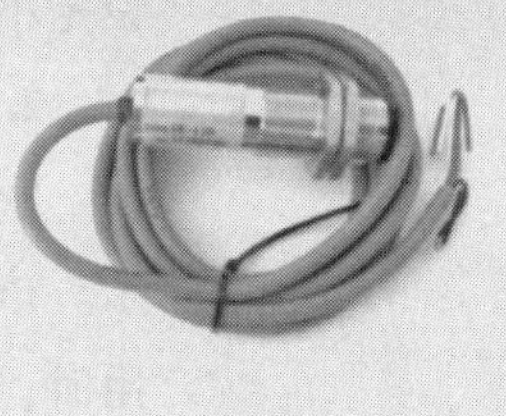
智能仓储	仓位检测	EE-SX951-W 1M	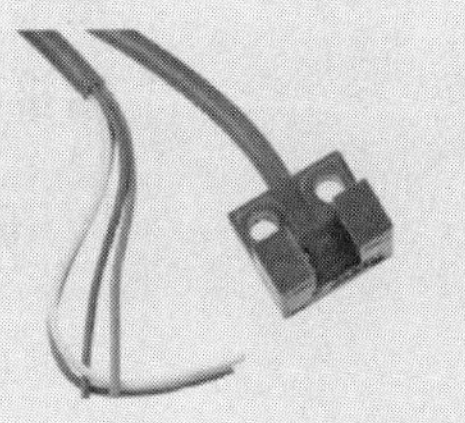
	原点检测	E3ZG-R60-S 2M	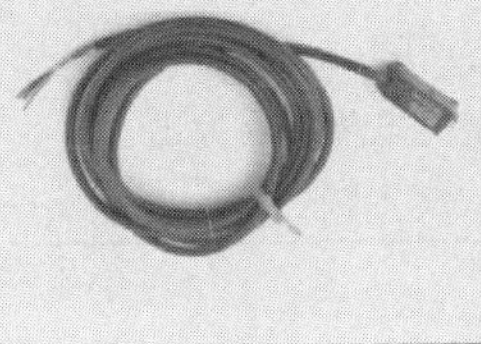

📁 **任务实施**

　　SX-815Q 机电一体化综合实训设备中主要使用三种光电传感器,分别是国产的 UE-11D 型、欧姆龙产品的 E3ZG-R60/61-S 型和 EE-SX951-W 1M 型。光电传感器的型号与特点见表 1-4。

表 1-4　光电传感器的型号与特点

型号	检测距离	输出类型	检测方式
UE-11D	11 cm	NPN	漫射式
EE-SX951-W 1M	5 mm（槽宽）	NPN	对射式
E3ZG-R60/61-S	100 mm ~ 4 m	NPN	漫射式

1. 安装

欧姆龙产品的 EE-SX951-W 1M 型光电传感器为 L 型,采用对射式检测方式,检测槽宽 5 mm,检测尺寸为 1.8 mm×0.8 mm 以上的不透明物体。使用时,要牢固安装在没有弯曲的部位上。为了防止螺钉松动,可以组合使用平垫圈和弹簧垫圈,用 M3 或 M2 螺钉固定光电传感器。在可动部位使用传感器时,需固定导线的引出部位,以免压力直接施加到导线的引出部位上。欧姆龙产品的 E3ZG-R60/61-S 型光电传感器的安装使用 M3 螺钉,紧固扭距设定小于 0.53 N·m。

2. 电气接线与调试

欧姆龙产品的 EE-SX951-W 1M 型光电传感器输出电路如图 1-2 所示。该传感器的输出有四根线,分别是褐色线、黑色线、白色线和蓝色线。使用时,要将直流电源（5 ~ 24 V）的高电位接到褐色线,低电位接到蓝色线,输出负载 1 接到褐色线和黑色线之间,输出负载 2 接到褐色线和白色线之间。当接收到对射光时,红色指示灯亮。

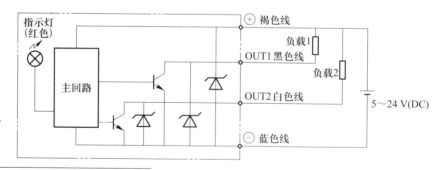

图 1-2　EE-SX951-W 1M 型光电传感器输出电路

欧姆龙产品的 E3ZG-R60/61-S 型光电传感器如图 1-3 所示,它是采用漫射式检测方式、小型、长距离、节省电力和能源的光电传感器,检测距离为 100 mm ~ 4 m,输出类型为 NPN 型,检测尺寸为 $\phi 75$ mm 以上的不透明物体。E3ZG-R60/61-S 型光电传感器输出电路如图 1-4 所示,它的输出有三根线,分别是褐色线、黑色线和蓝色线。使用时,要将直流电源（12 ~ 24 V）的高电位接到褐色线,低电位接到蓝色线,输出负载接到褐色线和黑色线之间。

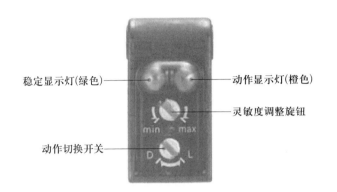

稳定显示灯(绿色)

动作显示灯(橙色)

灵敏度调整旋钮

动作切换开关

图 1-3 E3ZG-R60/61-S
光电传感器

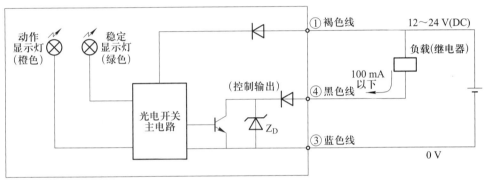

图 1-4 E3ZG-R60/61-S 光电传感器输出电路

国产的 UE-11D 型光电传感器采用漫射式检测方式,检测距离为 11 cm。
UE-11D 型光电传感器输出电路如图 1-5 所示,输出有四根线,分别是棕色
线、白色线、黑色线和蓝色线。使用时,要将直流电源(12 ~ 24 V)的高电位
接到棕色线,低电位接到蓝色线,输出负载接到棕色线和黑色线之间。白色
线为输出控制,如果选择入光(Light)动作模式,那么白色线接到直流电源
12 ~ 24 V;如果选择遮光(Dark)动作模式,白色线接到 0 V。

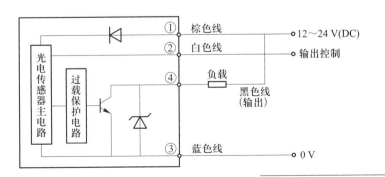

图 1-5 UE-11D 型光电
传感器输出电路

任务 1-3　磁性开关的使用

任务描述

认识磁性开关作用；磁性开关的安装电气接线与调试。

SX-815Q 机电一体化综合实训设备中的磁性开关主要作用是进行气缸限位的检测。磁性开关的使用见表 1-5。SX-815Q 机电一体化综合实训设备中主要使用亚德客的 CMS 系列和 DMS 系列磁性开关。其中，CMS 系列是磁簧式；DMS 系列是电子式。CMS 系列和 DMS 系列都采用 NPN 输出类型。

表 1-5　磁性开关的使用

单元	用途	型号	实物
颗粒上料	定位气缸后限位检测	DMS H-020	
	填装升降气缸上限位检测	CMS G-020	
	填装升降气缸下限位检测		
	吸盘填装限位检测		
	推料气缸 A 限位检测		
	推料气缸 B 限位检测		
	旋转气缸左限位检测	DMS H-020	
	旋转气缸右限位检测		
加盖拧盖	加盖伸缩气缸前限位检测	DMS H-020	
	加盖伸缩气缸后限位检测		
	加盖升降气缸上限位检测	CMS G-020	
	加盖升降气缸下限位检测		
	拧盖升降气缸上限位检测	DMS H-020	
	拧盖定位气缸后限位检测		
检测分拣	分拣气缸后限位检测	DMS H-020	
机器人搬运	推料气缸 A 前限位检测		
	推料气缸 A 后限位检测		
	推料气缸 B 前限位检测		
	推料气缸 B 后限位检测	DMS H-020	
	定位气缸缩回检测		
智能仓储	拾取气缸前限位检测		
	拾取气缸后限位检测		

📁 **任务实施**

1. 安装

磁性开关安装步骤、图示见表1-6。首先,要拧松紧定螺钉;再将磁性开关导入气缸的安装槽,让磁性开关顺着气缸滑动;调至适当位置后,再拧紧紧定螺钉完成安装。

表1-6 磁性开关安装步骤、图示

序号	安装步骤	图示
1	拧松紧定螺钉	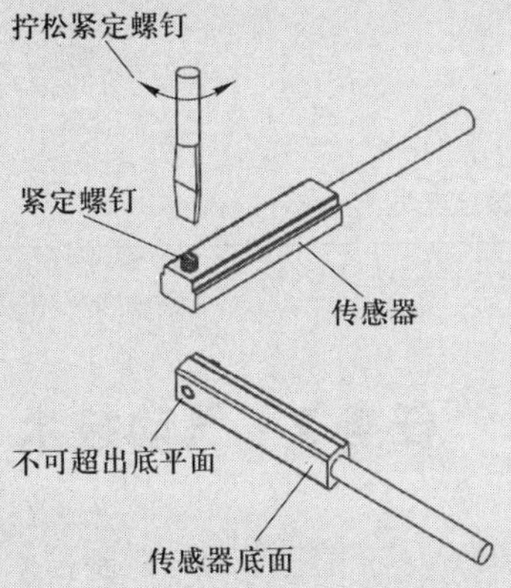
2	导入槽中到适当位置	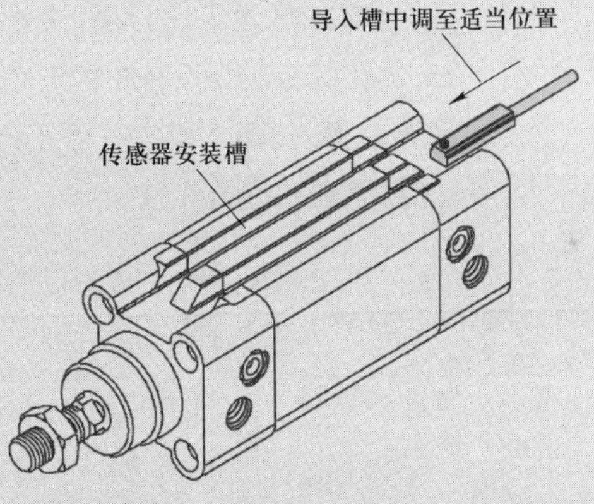
3	拧紧紧定螺钉	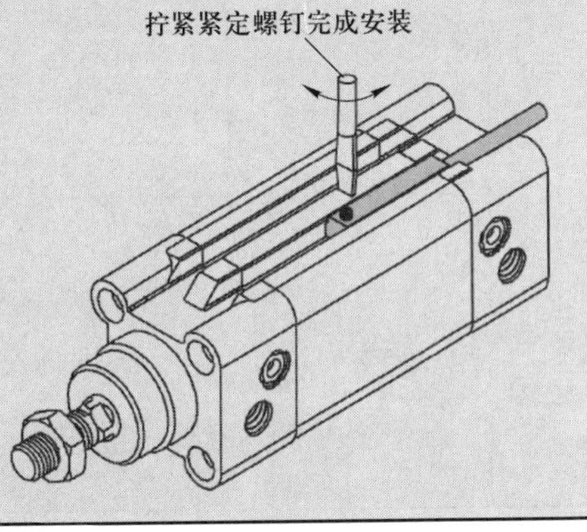

2. 电气接线与调试

磁性开关有蓝色和棕色两根线。磁性开关输出电路如图 1-6 所示。若负载是 PLC,棕色线接到 PLC 的输入端(内部电源高电位),蓝色线接到 PLC 的输入公共端(内部电源低电位)。这样内部的发光二极管可以显示信号状态,触点动作时会亮。

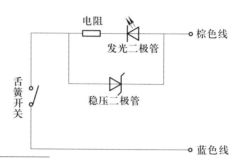

图 1-6 磁性开关输出电路

任务 2 气动技术

气压传动与控制技术简称为气动技术,通常是指以空气压缩机为原动力,以压缩空气为工作介质,进行能量和信息传递的工程技术。SX-815Q 机电一体化综合实训设备中的五个单元都有采用气缸进行控制。气缸的使用见表 2-1。SX-815Q 机电一体化综合实训设备中的气路主要组成部分包括气源、直线气缸和旋转气缸。

表 2-1 气缸的使用

单元	用途	型号	实物
颗粒上料	填装旋转气缸	HRQ10	
	填装升降气缸	TR10×60S	

单元	用途	型号	实物
颗粒上料	填装取料吸盘	—	
	定位气缸	TR10×20S	
	推料气缸 A	PB10×80SU	
	推料气缸 B		
加盖拧盖	加盖伸缩气缸	TR10×60S	
	加盖升降气缸	PB10×80SU	
	加盖定位气缸	TR10×60S	
	拧盖定位气缸		

续表

单元	用途	型号	实物
加盖拧盖	拧盖升降气缸	TR10×30S	
	拧盖定位气缸	TR10×60S	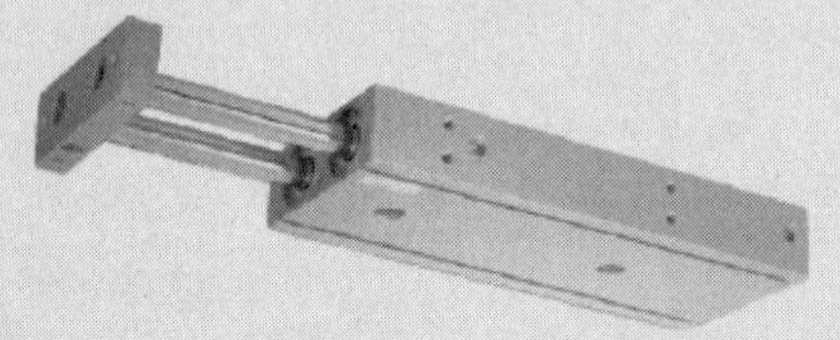
检测分拣	分拣气缸	TR10×60S	
机器人搬运	定位气缸	TR10×60S	
	推料气缸 A	TR16×125S	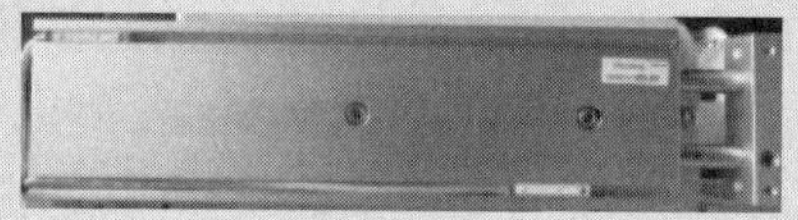
	推料气缸 B		
智能仓储	拾取气缸	TR16×125S	
	拾取吸盘		

任务 2-1 气源的使用

任务描述

了解 SX-815Q 机电一体化综合实训设备中气源的使用方法。

任务实施

将空气过滤器和减压阀两种气源处理元件组装在一起即为气源处理组件，也称为气动二联件。气源处理组件实物如图 2-1a 所示，包括进气口、快速开关、压力表、压力调节旋钮、出气口、过滤及干燥器和手动排水阀。气源处理组件输入气源来自空气压缩机，型号为 TYW-1A 12L，空气压缩机实物如图 2-1b 所示，输出压力为 0.1 ～ 0.6 MPa 可调。

气源处理组件可以通过压力调节旋钮，调整气压大小。使用时需要将旋钮向上轻轻拔起，往右旋转是调大压力，往左旋转是调小压力。使用时应注意经常检查过滤器中凝结水的水位，在超过最高标线以前应调节手动排水阀排放，以免被重新吸入。

(a) 气源处理组件

(b) 空气压缩机

图 2-1　气源处理组件
和空气压缩机实物

任务 2-2　直线气缸的使用

任务描述

了解 SX-815Q 机电一体化综合实训设备中直线气缸的使用方法,会进行电气接线与调试。

任务实施

1. 直线气缸

气缸是气动系统中的执行元件。它的功能是将气体的压力能转换为机械能,输入的是气体的压力,输出的是执行元件的运动速度和力。SX-815Q 机电一体化综合实训设备中的推料和加盖升降气缸使用的是亚德客 PB 系列笔形(复动型)单杆气缸,其余使用的是亚德客 TR 系列双杆气缸。型号 TR10×60S气缸中 10 表示内径是 10 mm;60 表示其标准行程是 60 mm;S 表示气缸活塞杆上附带磁铁。TR 系列气缸精度高,活塞杆端扰度小,适用于精确导向。型号 PB10×80SU 气缸中 10 也是表示内径为 10 mm;80 表示其标准行程是80 mm;S 表示气缸活塞杆上附带磁铁;U 表示径向进气型。PB 系列气缸属于迷你型小型气缸,结构紧凑,体积小,质量轻,可适用于频率要求高的工作环境。

2. 电气接线与调试

SX-815Q 机电一体化综合实训设备中所有工作单元的执行气缸都是双作用气缸,因此控制它们工作的电磁阀需要有两个工作口和两个排气口以及一个供气口,使用的电磁阀均为二位五通电磁阀。SX-815Q 机电一体化综合实训设备中选用亚德客电磁阀,型号为 7V0510M5B050。该型号电磁阀质量为 80 g,采用螺纹型接管,管径为 M5,双位置单电控方式,标准电压为 24 V(DC),端子线长为 0.5 m。

任务 2-3 旋转气缸的使用

✎ **任务描述**

了解 SX-815Q 机电一体化综合实训设备中旋转气缸的使用方法。

🗀 **任务实施**

旋转气缸又叫摆动气缸,它是利用压缩空气驱动输出轴在小于 360° 的角度范围内做往复摆动的气动执行元件,多用于物体的转位、工件的翻转、阀门的开闭等场合。SX-815Q 机电一体化综合实训设备中的颗粒上料单元选用的是亚德客填装旋转气缸,型号为 HRQ10。该气缸是中型气缸,旋转角度为 0°~190°,质量为 530 g。

(1)回转方向

以旋转台定位销孔为基准,旋转气缸最大转角范围如图 2-2 所示,最大转角为 190°。如果 A 口进气,那么工作台顺时针旋转;如果 B 口进气,那么工作台逆时针旋转。

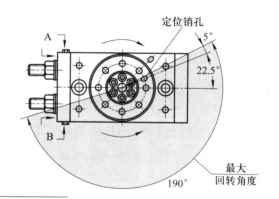

图 2-2 HRQ10 旋转气缸最大转角范围

(2)角度调整示例(以 90° 转角为例)

角度需要通过调整螺钉进行调节。HRQ10 的调整螺钉每转一圈,调整 10.2°。分别调节调整螺钉 A 和 B,如图 2-3 所示。如果调节调整螺钉 A,气缸就会从左极限顺时针旋转 90°,如图 2-3a 所示。如果调节调整螺钉 B,气缸就会从右极限逆时针旋转 90°,如图 2-3b 所示。

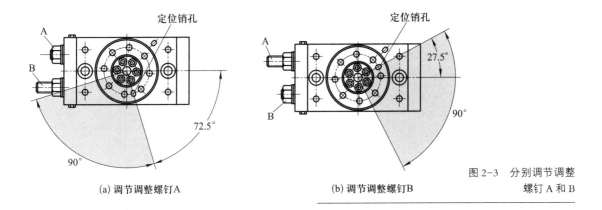

(a) 调节调整螺钉A

(b) 调节调整螺钉B

图 2-3　分别调节调整
螺钉 A 和 B

同时调节调整螺钉 A 和 B,如图 2-4 所示,气缸就会旋转 90°,此时可以在左、右极限之间进行调整。

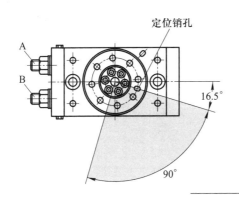

图 2-4　同时调节调整
螺钉 A 和 B

任务 2-4　数字流量计的使用

✏️ 任务描述

了解数字流量计的控制面板功能、安装方法,电气接线与调试。

🗂 任务实施

SX-815Q 机电一体化综合实训设备中的数字流量计用于测量设备工作时的耗气量,也可以对瞬时流量及累计流量等进行开关量输出。数字流量计的型号为 PF2A710-01-27,通过设置参数,选择设定模型及方法。

1. 控制面板功能

数字流量计的控制面板功能如图 2-5 所示。

（1）显示部分

输出 1(绿色)(OUT1): OUT1 在接通时亮灯;发生电流过大错误时闪烁。

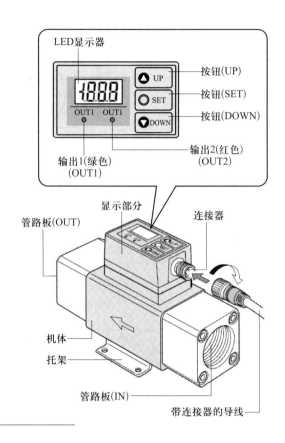

图 2-5　数字流量计的
控制面板功能

文本：数字流量计
安装注意事项

文本：数字流量计
调试方法

输出 2（红色）（OUT2）：OUT2 在接通时亮灯；发生电流过大错误时闪烁。

LED 显示器：显示流量值、设定模式状态、单位和错误代码。

⬆ 按钮（UP）：选择模式并增加接通／断开的设定值。

⬇ 按钮（DOWN）：选择模式并减少接通／断开的设定值。

◯ 按钮（SET）：此按钮在变更模式及确定设定值时使用。

（2）复位操作

如果同时按压⬆按钮（UP）及⬇按钮（DOWN），复位功能启动，此操作在清除发生异常数据时使用。

2. 电气接线

NPN 型流量开关输出电路如图 2-6 所示。图中，棕色线、蓝色线为电源线，接 12～24 V 直流电源；黑色线、白色线是信号线，可以接 PLC 的输入端。

3. 调试

调试主要包括设定显示模式、设定输出方法、设定输出模式、累计流量表示功能、累计流量设定模式等。

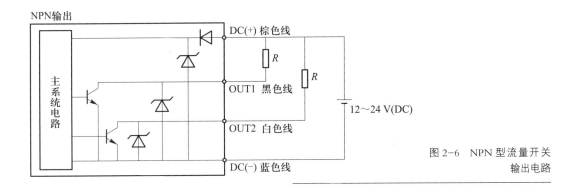

图 2-6　NPN 型流量开关
输出电路

任务 2-5　真空压力开关的使用

✏️ **任务描述**

　　了解真空压力开关的控制面板功能及参数设置；了解调试设定顺序；学习气压量测值归零、模式切换的操作方法；学习输出 1（OUT1）参数设定的方法。

📂 **任务实施**

1. 控制面板功能及参数设置

　　真空压力开关用于检测真空压力的开关。当真空压力未达到设定值时，开关处于断开状态；当真空压力达到设定值时，开关处于接通状态，发出电信号。当真空系统存在泄漏、吸盘破损或气源压力变动等原因而影响真空压力大小时，装上真空压力开关便可保证真空系统安全可靠的工作。真空压力开关控制面板如图 2-7 所示。

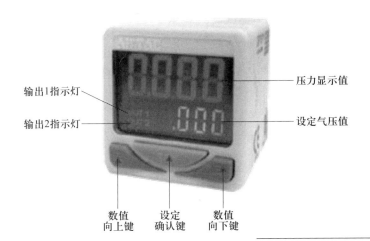

输出1指示灯
输出2指示灯
压力显示值
设定气压值

数值
向上键　　设定
　　　　确认键　　数值
　　　　　　　　向下键

图 2-7　真空压力开关控制面板

SX-815Q 机电一体化综合实训设备中真空压力开关的参数设置见表 2-2。

表 2-2　真空压力开关的参数设置

参数	设定值
显示值校正	0%
输出 1（OUT1）模式	迟滞模式,常开
输出 2（OUT2）模式	迟滞模式,常开
迟滞值	2
压力设定值	50%（根据实际情况调整）
颜色切换设定	输出显示红色; 不输出显示绿色 （根据需要设定）
按键锁定	OFF

文本: 真空压力开关常用功能操作方法

真空压力开关的调试设定顺序为: 通电→测量模式→零点校正→基本设定模式→测量模式。

2. 常用功能操作方法

真空压力开关的常用功能操作方法有: 气压测量值归零、模式切换操作方法和输出 1（OUT1）参数设定方法。

任务 3　驱动技术

任务 3-1　直流电动机的使用

任务描述

了解直流电动机的定义与分类,熟悉直流电动机控制面板的外部端子布置,学习使用直流控制面板来实现直流电动机正反转的工作原理。

任务实施

直流电动机是将直流电能转换为机械能的电动机,因其良好的调速性能而在电力拖动中得到广泛应用。直流电动机按励磁方式分为永磁、他励和自励 3 类。SX-815Q 机电一体化综合实训设备所用的为 24 V 小功率永磁直流电动机,通过 PLC 及直流电动机控制面板进行正反转控制。

PLC 将信号接到直流电动机控制面板上,控制电动机的正反转。直流电动机的控制面板如图 3-1 所示。控制面板的电路如图 3-2 所示。控制面板的工作原理如下:当按下测试按钮(S1),继电器 K2 得电,继电器 K1 失电,直流电动机电源两端 M+、M- 分别为 24 V、0 V,直流电动机正转,即当 XT1 端子的正转信号有效时,K2 得电,K1 失电,电动机正转;当 XT2 端子的反转信号有效时,K1 得电,K2 失电,电动机反转。

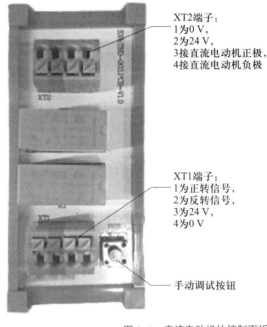

XT2端子:
1为0 V,
2为24 V,
3接直流电动机正极,
4接直流电动机负极

XT1端子:
1为正转信号,
2为反转信号,
3为24 V,
4为0 V

手动调试按钮

图 3-1　直流电动机的控制面板

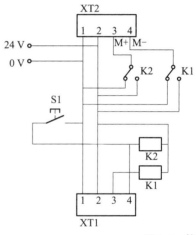

图 3-2　控制面板的电路

任务 3-2　变频器的使用

任务描述

了解变频调速工作原理;学习 FR-D700 变频器的电源接线;了解控制端子功能及接线;了解操作面板功能及参数设置。

任务实施

SX-815Q 机电一体化综合实训设备中颗粒上料单元的循环选料传送带控制使用了变频器控制,交流异步电动机的调速和方向控制也是由变频器完成。

1. 变频调速工作原理

变频调速是指用变频器将频率(工频 50 Hz)固定的交流电(三相或单相

的）变换成频率连续可调的（0 ~ 400 Hz）三相交流电,以此作为电动机工作电源。当变频器输出电源的频率 f_1 连续可调时,电动机的同步转速 n_0 也连续可调。又因为异步电动机的转子转速 n 总是比同步转速 n_0 略低一些,从而 n 也连续可调。

2. FR-D700 型变频器的使用

颗粒上料单元循环选料传送带控制使用了三菱 FR-D700 型变频器。

（1）FR-D700 型变频器电源接线

FR-D700 型变频器电源接线如图 3-3 所示。

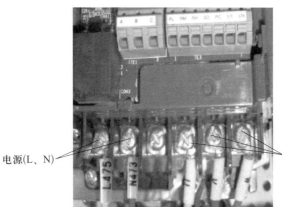

电源(L、N)　　　　　　　　　　　　　输出(U、V、W)

图 3-3　FR-D700 型
变频器电源接线

文本:变频器控制
端子功能描述

文本:变频器的基
本操作及参数设置

图 3-4　FR-D700 型
变频器控制端子接线

（2）FR-D700 型变频器控制端子接线

FR-D700 型变频器控制端子接线如图 3-4 所示。

控制信号线

（3）FR-D700 型变频器操作面板功能及参数设置

FR-D700 型变频器操作面板一般在调试时使用,参数设置通常为运行模式的设定及参数变更等。

任务 3-3 步进电动机的使用

✏️ **任务描述**

了解步进电动机的工作原理以及步进驱动器上接口端子的功能和设置，会进行步进电动机及驱动器的接线。

📁 **任务实施**

1. 步进电动机的工作原理

步进电动机是将输入的电脉冲信号转换成直线位移或角位移，即每输入一个脉冲，步进电动机就转动一个角度或前进一步。步进电动机的位移与输入脉冲的数目成正比，它的速度与脉冲频率成正比。步进电动机可以通过改变输入脉冲信号的频率来进行调速，而且具有快速启动和制动的优点。

2. 步进驱动器及接线

SX-815Q 机电一体化综合实训设备的步进驱动系统主要是用来控制升降台 A 或升降台 B 的升降。应用的步进电动机型号为 YK42XQ47-02A，与之配套的步进驱动器型号为 YKD2305M。YK42XQ47-02A 步进电动机为 2 相 4 线步进电动机，其步距角为 0.9°。YKD2305M 步进驱动器如图 3-5 所示。YK42XQ47-02A 步进电动机与 YKD2305M 步进驱动器的接线如图 3-6 所示，步进驱动器的拨码设置为 01110111（使用中可根据需要进行调节）。

文本：步进驱动器接线端口定义

电动机脉冲

电动机方向

拨码设置

电源接口

电动机接口

图 3-5 YKD2305M 步进驱动器

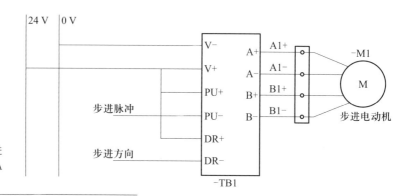

图 3-6 YKD2305M 步进驱动器与 YK42XQ47-02A 步进电动机的接线

任务 3-4 伺服电动机的使用

✎ 任务描述

了解伺服系统的组成及工作原理；了解 MR-JE 型伺服驱动器的功能、端口、主电路接线、控制回路接线、伺服驱动器与伺服电动机的接线和 PLC 控制伺服驱动器的接线；了解伺服驱动器的参数设定方法和智能仓储单元驱动器参数的设置。

🗀 任务实施

1. 伺服系统

伺服系统又称随动系统，是用来精确地跟随或复现某个过程的反馈控制系统。通常，伺服系统专指被控制量（系统的输出量）是机械位移或位移速度、加速度的反馈控制系统，其作用是使输出的机械位移（或转角）准确地跟踪输入的位移（或转角）。

伺服系统主要由控制器、功率驱动装置、反馈装置和电动机等组成。控制器按照系统的给定值和通过反馈装置检测的实际运行值的差，调节控制量。功率驱动装置作为系统的主回路，一方面按控制量的大小将电网中的电能作用到电动机之上，调节电动机转矩的大小，另一方面按电动机的要求把恒压恒频的电网供电转换为电动机所需的交流电或直流电。电动机则按供电大小拖动机械运转。

SX-815Q 机电一体化综合实训设备中的智能仓储单元应用了两套伺服系统，分别控制垛料机构的左右旋转及上下升降动作。该伺服系统主要由伺服驱动器和伺服电动机两部分组成。伺服驱动器型号为 MR-JE-10A；伺服电动机型号为 HG-KN13J-S100。智能仓储单元中伺服系统工作在位置控制模式。

图片：伺服系统结构示意图

2. MR-JE 型伺服驱动器

三菱交流伺服驱动器 MR-JE 系列具有位置控制和内部速度控制两种工作模式,可以通过改变控制模式执行操作。交流伺服驱动器的电路由主电路和控制电路组成。主电路由整流电路、滤波电路、逆变电路构成。控制电路是伺服驱动器所特有的"三环"结构,即位置环、速度环、电流环;"三环"结构可以实现位置控制模式、速度控制模式和转矩控制模式。

(1)伺服驱动器 MR-JE 端口

伺服驱动器 MR-JE 的端口主要包括 CN1、CN2、CN3 和 CNP1 四个。CN1、CN2 及 CN3 为信号及通信连接端口,CNP1 为电源连接端口。

(2)伺服驱动器的接线

伺服驱动器 MR-JE 的接线分主电路接线和控制回路接线。

(3)伺服驱动器参数设置

① 参数设置的详细方法参考驱动器使用说明书。

② 智能仓储单元中 2 台伺服驱动器需要设置的主要参数见表 3-1,更详细的参数设置查阅伺服驱动器使用说明书。

文本: 伺服驱动器 MR-JE 端口定义

文本: 伺服驱动器接线

视频: 伺服驱动器参数设置

表 3-1　伺服驱动器需要设置的主要参数

地址	名称	初始值	设定值
PA01	控制模式设置	1000h	1000
PA06	电子齿轮分子	1	100
PA07	电子齿轮分母	1	1
PA13	指令脉冲形态	0100h	0011
PA19	参数写入禁止	00AAh	000C
PA23	驱动记录器任意警报触发器设定	0000h	0011
PA24	功能选择 A-4	0000h	0000
PD01	输入信号自动 ON 选择 1	0000h	0004

任务4　工业机械手技术

✎ **任务描述**

结合设备了解 ABB 机器人的相关知识。

📁 **任务实施**

SX-815Q 机电一体化综合实训设备中的 ABB 工业机器人如图 4-1 所示。ABB 工业机器人的组成主要包括机器人本体（IRB 120）、控制器（IRC5）和示教器等。控制器连接到电源；机器人本体与控制器之间通过动力线和编码线连接；示教器连接到控制器上。IRB 120 是 ABB 制造的最小机器人，质量仅为 25 kg，最高承重能力是 3 kg，工作范围 580 mm，能通过柔性自动化解决方案执行一系列作业，重复定位精度 0.01 mm。

IRC5 控制器的 I/O 板电源接线如图 4-2 所示。XS16 自带 24 V 电源（1 号端子为 24 V 电源的正极，2 号端子为 24 V 电源的负极）。XS12、XS13、XS14、XS15 的 9 号端子与 XS16 的 2 号端子连接，再与外部的 24 V 电源的负极连接；XS14、XS15 的 10 号端子与 XS16 的 1 号端子连接。

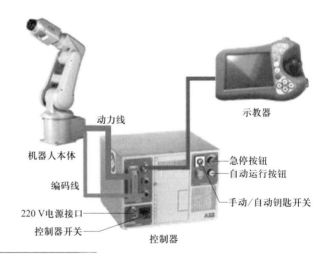

图 4-1　ABB 工业机器人

图 4-2　IRC5 控制器的 I/O 板电源接线

SX-815Q 机电一体化综合实训设备中使用的 IRC5 控制器是紧凑型的，有标准的 16 位输入输出接口，全部为高电平有效。IRC5 控制器的 I/O 板如图 4-3 所示。其中，XS12、XS13 的 1 ~ 8 号端子为 16 位输入接口；XS14、XS15 的 1 ~ 8 号端子 16 位输出接口。

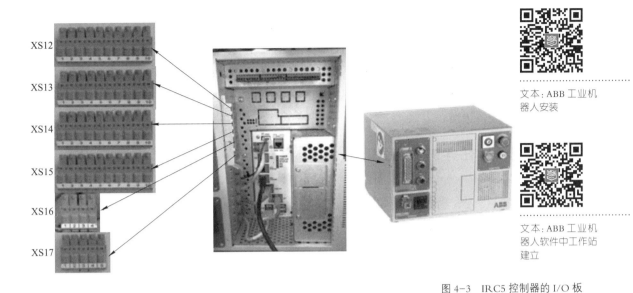

文本：ABB 工业机器人安装

文本：ABB 工业机器人软件中工作站建立

图 4-3 IRC5 控制器的 I/O 板

ABB 工业机器人使用强大的编程仿真软件 RobotStudio，该软件采用高级语言 RAPID，程序模块化，编程效率高。

视频：RobotStudio 软件的应用

任务5 其他技术

任务 5-1 PLC 及 PLC 编程软件

✏️ **任务描述**

了解 H2U 型 PLC，了解 AutoShop 编程软件的多项功能。

📁 **任务实施**

1. H2U 型 PLC

SX-815Q 机电一体化综合实训设备中使用的国产 H2U 型系列 PLC，属小型、通用型 PLC，点数覆盖全面（从 20 ～ 128 点一应俱全，最大可扩展至 256 点）。主机自带 3 轴高速定位输出、6 通道高速计数器，并有 3 个串口可供使用。通过扩展卡可以实现 CAN 通信、以太网通信。适用于不同温度的环境及模拟量扩展模块。在软、硬件方面与三菱 FX 系列 PLC 基本上兼容。

视频：AutoShop 软件的应用

2. PLC 编程软件

国产的 PLC 可用三菱的编程软件进行编程，同时也有自主开发的配套使用的 AutoShop 编程后台软件，在该软件环境下，具有 H1U/H2U/H3U 系列

PLC 用户程序的编写、下载和监控等功能。

AutoShop 软件可使用多种编程语言编制梯形图、步进梯形图等,方便用户选用自己熟悉的编程语言进行编程,也可根据 PLC 应用系统的控制工艺要求设计程序。编程过程中,可随时进行编译,及时检查和修正编程错误。

任务 5-2　触摸屏

✏️ **任务描述**

了解 TPC7062TX 触摸屏的基本功能及外部接口。

📁 **任务实施**

TPC 是国产的嵌入式一体化触摸屏系列型号。TPC7062TX 是一套以先进的 Cortex-A8 CPU 为核心(主频 600 MHz)的高性能嵌入式一体化触摸屏。该产品设计采用了 7 英寸高亮度 TFT 液晶显示屏(分辨率为 800×480),四线电阻式触摸屏(分辨率为 4096×4096)。同时还预装了 MCGS 嵌入式组态软件(运行版),具备强大的图像显示和数据处理功能。

TPC7062TX 有 2 个 USB 接口,USB1 口为主口,可连接外部 U 盘用于更新等,USB2 口为从口,可连接计算机的 USB 口用于下载。TPC7062TX 配置了一个 9 针串口,同时具有 RS-232(COM1)和 RS-485(COM2)通信功能。

任务 6　颗粒上料单元的安装、编程、调试与维护

SX-815Q 机电一体化综合实训设备的颗粒上料单元采用型号为 H2U-3624MR-XP 的 PLC 实现电气控制。颗粒上料单元如图 6-1 所示。完成如下操作：

（1）本单元控制挂板及桌面机构的安装，以及传送带、循环选料装置、物料填充装置的机械安装；

（2）根据电气原理图和气路图，完成颗粒上料单元的电路和气路连接；

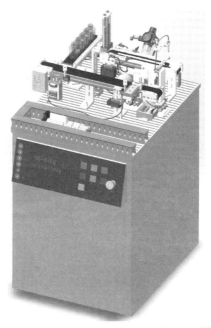

（3）按照单元功能，上料传送带将空瓶逐个输送到主传送带，循环选料机构将蓝、白色物料顺序推出，待空瓶到装料位置时停止，通过填装定位机构将颗粒按一定的数量和顺序装入空瓶中，填装定位气缸松开，主传送带启动，将物料瓶输送到下一个工位；

（4）利用人机界面设计本单元的手动、自动、单周期的运行功能，并能实时地进行控制和状态显示；

图 6-1　颗粒上料单元

（5）对安装中出现的该设备故障进行查找及排除，并对设备进行调试，使其运行顺畅，满足控制功能的要求，同时根据故障现象，准确分析故障原因及部位，排除故障，并将排除的操作步骤进行记录。

动画：颗粒上料
单元运行

任务 6-1　颗粒上料单元机械结构件的组装与调整

✎ **任务描述**

颗粒上料单元桌面未安装，无法实现向物料瓶填料。组装和调整空瓶传送带、循环选料传送带、主传送带和填装定位机构，在此过程中注意同步轮的安装，避免和减小出现紧定螺钉滑牙、滑丝的现象，并且将其合理地安装在本

单元的相应位置上。

📁 **任务实施**

1. 带传动

带传动是利用带作为中间挠性件来传递运动或动力的一种传动方式,在机械传动中应用较为普遍,带传动如图 6-2 所示。按传动原理不同,带传动分为摩擦型带传动(图 6-2a)和啮合型(图 6-2b)带传动;按用途不同,可分为用于传动动力的传动带和用于输送物品的传送带。

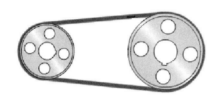 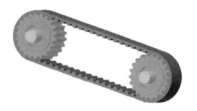

图 6-2 带传动　　　　　　　　　　(a) 摩擦型　　　　　　　　　　　　(b) 啮合型

平带的横剖面为扁平矩形,工作面为内表面,工作时环形内表面与带轮外表面接触。平带传动的结构简单,平带较薄,挠曲性和扭转柔性好。啮形带又称为同步齿形带,它的横剖面为齿形,工作时啮形带和带轮间相互啮合,当主动轮转动时,通过啮形带拖动从动轮一起转动。啮形带结构简单,成本低,具有一定的缓冲、吸振作用。

(1)带传动的工作原理

带传动的工作原理如图 6-3 所示。传动带 3 套在主动轮 1 和从动轮 2 上,对带施加一定的张紧力,带与带轮接触面之间就会产生正压力,主动轮转动时,依靠带和带轮之间的摩擦力来驱动从动轮转动。

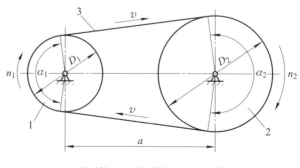

图 6-3 带传动的工作
原理　　　　　　　　　　　1—主动轮;2—从动轮;3—传动带。

在带传动中,带与带轮接触弧长所对应的圆心角称为包角,用 α 表示,主、从动轮两个包角分别为 α_1、α_2。在带传动中,主动轮转速 n_1 与从动轮转速 n_2 之比称为传动比,用 i_{12} 表示。假定带与带轮之间没有相对滑动,主动轮1和从动轮2的圆周速度应与带速 v 相等,则直径大者转速相对较低,即两带轮的转速与其直径成反比。带传动的传动比表达式为

$$i_{12} = \frac{n_1}{n_2} = \frac{D_{d2}}{D_{d1}}$$

式中　　D_{d1}、D_{d2}——主动轮、从动轮的基准直径,mm;

　　　　n_1、n_2——主动轮、从动轮的转速,r/min。

（2）带传动的张紧装置

带传动工作时,为使皮带获得所需的张紧力,两带轮的中心距应能调整。带在传动中长期受拉力作用,必然会产生塑性变形而出现松弛现象,使其传动能力下降,因此,一般带传动应有张紧装置。带传动的张紧方法主要有调整中心距和使用张紧轮两种。带传动的张紧方法见表6-1。

表6-1　带传动的张紧方法

方法	示意图	说明
调整中心距		1. 拧动调节螺栓,电动机可沿滑轨向左移动,使带轮中心距离变长,张紧皮带;亦可保持电动机不动,移动从动轮,张紧皮带。 2. 适用于两带轮中心线处于水平位置的传动
使用张紧轮		利用张紧轮进行张紧,为了避免带受双向弯曲,且不使小轮包角减少过多,张紧轮应置于松边内侧尽量靠近大轮的位置

2. 了解深沟球轴承的结构及特点

轴承是机器的重要组成部分。在机器中轴承的作用是支承转动的轴及轴上零件,减少摩擦。轴承的性能直接影响机器的性能。轴承如图6-4所示。轴承分为滚动轴承（图6-4a）和滑动轴承（图6-4b）两大类。

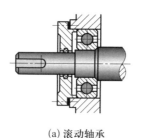
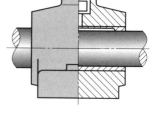

图 6-4　轴承　　　　　　　　　(a) 滚动轴承　　　　　　　　　(b) 滑动轴承

　　与滑动轴承相比,滚动轴承虽然抗冲击能力较差,但是启动灵敏,运转时摩擦力矩小、效率高,润滑方便,易于更换,轴承间隙亦可预紧、调整。由于工作时摩擦系数小、极限转速高,滑动轴承中的深沟球轴承应用非常广泛,是机器和汽车制造中的通用轴承。

　　（1）深沟球轴承的结构

　　深沟球轴承的结构如图 6-5 所示。深沟球轴承由内圈、外圈、滚动体和保持架四个基本零件组成。轴承的内、外圈上设计有滚道,滚动球体沿滚道滚动,滚道既起导轨的作用,又能限制滚动体的轴向移动,同时还改善了滚动球体与座圈之间的接触状况。保持架用来隔开两相邻滚动体,以减少它们之间的摩擦。

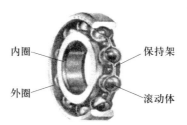

内圈　　保持架
外圈　　滚动体

图 6-5　深沟球轴承的结构

　　（2）深沟球轴承的特性

　　深沟球轴承可分为单列深沟球轴承和双列深沟球轴承,深沟球轴承的特性见表 6-2。

表 6-2　深沟球轴承的特性

名称	立体图	平面图	特性
单列深沟球轴承			主要承受径向载荷,也可同时承受少量双向轴向载荷。摩擦阻力小,极限转速高,结构简单,价格便宜,应用广泛
双列深沟球轴承			主要承受径向载荷,也能承受一定的双向轴承载荷。比单列深沟球轴承的承载能力大

3. 传送机构的安装

在上料单元中,传送机构包括传送带和循环选料装置,传送带主要负责输送物料瓶,循环选料装置负责甄选符合生产要求的物料并将其传送到指定位置,传送机构的紧固零件多采用的是内六角螺栓,因此在组装传送机构时应准备内六角扳手。

（1）传送带的安装

传送带主要由直流电动机、传送带、带轮和各零件组成。颗粒上料单元的2号传送带如图6-6所示。颗粒上料单元的2号传送带零件构成如图6-7所示。工作时,直流电动机提供动力,带动主动轮转动,从而拖动传送带转动去输送物料瓶。在安装时要求正确选择工具,安装步骤正确,不要返工,安装牢靠紧实,符合安装操作的规定。

动画:传送带安装过程

视频:传送带安装示范

文本:传送带安装步骤

图6-6　2号传送带

图6-7　2号传送带零件构成

（2）循环选料装置的安装

循环选料装置主要由三相异步电动机、轴承、两条传送带和各个配件等组成。循环选料装置如图6-8所示。循环选料装置零件构成如图6-9所示。在工作时,首先推料机构将物料推到传送带上,同时,三相异步电动机在变频器的控制下实现正反转运行,当三相异步电动机正转时,两条传送带配合按顺时针转动,当检测到合格的物料时,三相异步电动机反转,两条传送带配合按逆时针转动,将合格物料输送到位。在安装时要求正确选择工具,安装步骤正确,不要返工,安装牢靠紧实,符合安装操作的规定。

动画:循环选料装置安装过程

视频:循环选料装置安装示范

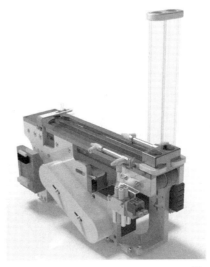

图6-8　循环选料装置

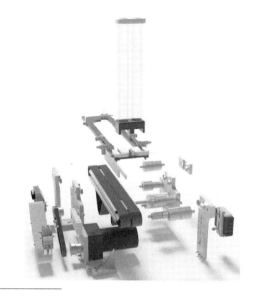

图 6-9　循环选料装置零件构成

4. 物料填充装置的安装

物料填充装置(填装机构)主要由一个摆动气缸、一个双作用单出双杆气缸(以下简称双杆气缸)、吸盘和各个配件等组成。物料填充装置如图 6-10 所示。物料填充装置零件构成如图 6-11 所示。工作时,当合格物料和物料空瓶都到位后,摆动气缸将吸盘转到物料上方,双杆气缸缩回使吸盘落到物料上,然后吸盘吸起物料,双杆气缸伸出,摆动气缸将物料运送到空瓶上方,双杆气缸缩回,吸盘吐气,将物料放到物料瓶中。在安装时要求正确选择工具,安装步骤正确,不要返工,安装牢靠紧实,符合安装操作的规定。

图 6-10　物料填充装置

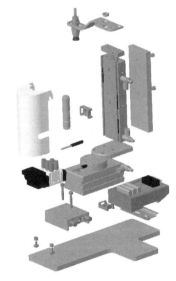

图 6-11　物料填充装置零件构成

5. 桌面布局

将组装好的传送机构和物料填充装置按照合适的位置安装到型材板上，组成颗粒上料单元的机械结构，桌面布局如图 6-12 所示。

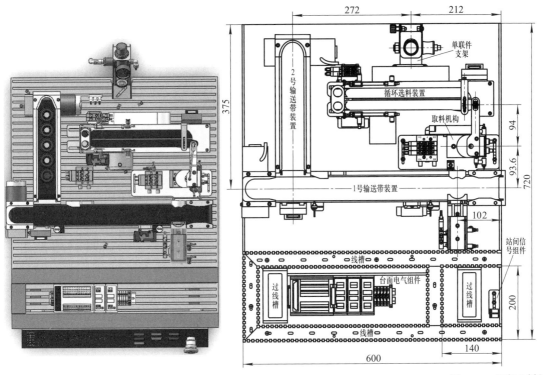

图 6-12　颗粒上料单元机械结构桌面布局

任务评价

对任务的实施情况进行评价，评分内容及结果见表 6-3。

任务拓展

三料筒选料机构主要由三相异步电动机、轴承、传送带和各零件等组成。三料筒选料机构如图 6-13 所示。三料筒选料机构零件构成如图 6-14 所示。工作时，通过三推料机构将物料推到传送带上，同时，三相异步电动机在变频器的控制下可实现多段速运行，将合格物料输送到位。在安装时要求正确选择工具，安装步骤正确，不要返工，安装牢靠紧实，符合安装操作的规定。

动画：颗粒上料单元整体安装与调试

视频：颗粒上料单元整体安装与调试

表 6-3 任务 6-1 评分内容及结果

_____学年			任务形式 □个人 □小组分工 □小组	工作时间 _____min	
任务名称	内容分值		评分标准	学生自评	教师评分
颗粒上料单元机械结构件的组装与调整	传送带安装（35分）	支架安装牢固（15分）	（1）螺钉安装不牢固，每个扣1分，扣完为止； （2）定位气缸安装不牢固，扣5分		
		传送带松紧合适（10分）	（1）传送带太松或太紧，扣6分； （2）主动轮和从动轮位置安装错误，扣4分		
		直流电动机齿轮和皮带安装正确（10分）	（1）直流电动机安装不牢固，扣5分； （2）传送带安装不能正常工作，扣5分		
	循环选料装置安装（35分）	支架安装牢固（10分）	螺钉安装不牢固，每个扣1分，扣完为止		
		传送带松紧合适（10分）	（1）传送带太松或太紧，扣6分； （2）主动轮和从动轮位置安装错误，扣4分		
		退料装置安装（10分）	（1）推料气缸安装不牢固，每个扣2分； （2）传感器安装返工，一次扣1分		
		电动机安装牢固（5分）	电动机安装不牢固，扣5分		
	物料填充装置安装（20分）	装置安装牢固（10分）	螺钉安装不牢固，每个扣1分，扣完为止		
		气管安装不漏气（10分）	气管安装漏气，一处扣1分		
	安全文明生产（10分）	劳动保护用品穿戴整齐；遵守操作规程；讲文明礼貌；操作结束要清理现场（10分）	（1）操作中，违反安全文明生产考核要求的任何一项，扣5分，扣完为止； （2）当发现有重大事故隐患时，须立即予以制止，并每次扣安全文明生产总分5分； （3）穿戴不整洁，扣2分；设备会不还原，扣5分；现场不清理，扣5分		
合计					

学生：_____ 老师：_____ 日期：_____

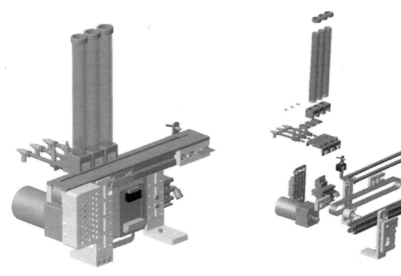

图 6-13　三料筒选料机构 　　　　　　图 6-14　三料筒选料机构零件构成

任务 6-2　颗粒上料单元电路与气路的连接及操作

任务描述

　　根据颗粒上料单元的电气原理图、气路图、配电控制盘电气元件布局图，完成桌面上所有与 PLC 输入、输出有关的执行元件的电气连接和气路连接，确保各气缸运行顺畅、平稳和电气元件功能的实现。

任务实施

1. 电气原理图的设计

颗粒上料单元电气原理图如图 6-15 所示。

2. 电气元件布局的设计

　　实施电路接线前，先要规划好元器件的布局，再根据布局固定各个电气元件，电气元件布局要合理，固定要牢固，配电控制盘上的各电气元件安装布局如图 6-16 所示。配电控制盘用槽板分为三个部分，上部是接线端子；中部是 24 V 直流电源、变频器；下部依次为漏电保护器、电源插座、接触器、熔断器、继电器、PLC。

3. 气路设计

　　设备中各单元的气路采用并联模式，空气压缩机气路通过 T 型三通连接到各个单元的气动三联件中。每个单元可以自行调节各自的气压，气动三联件将气通过三通接出多条气路，最终连接到单元中各个电磁转换阀中。再由电磁转换阀将气连接到气缸两端。

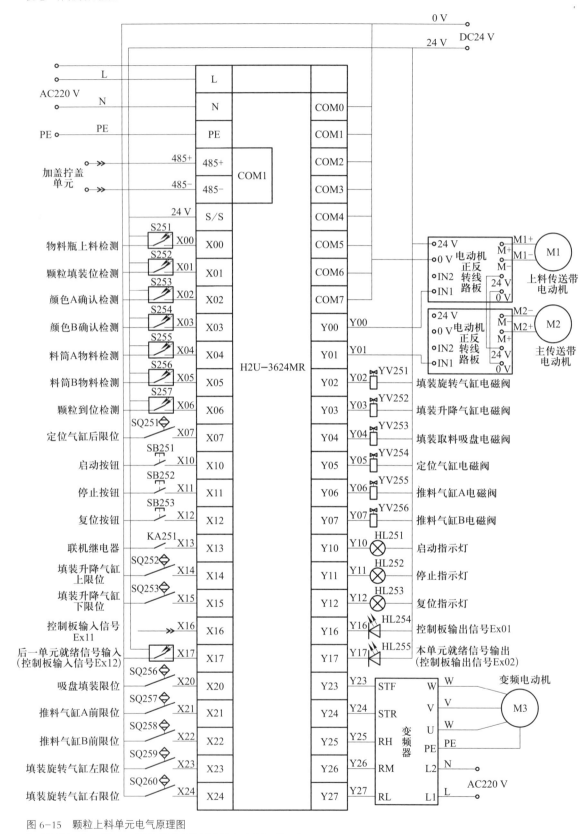

图 6-15 颗粒上料单元电气原理图

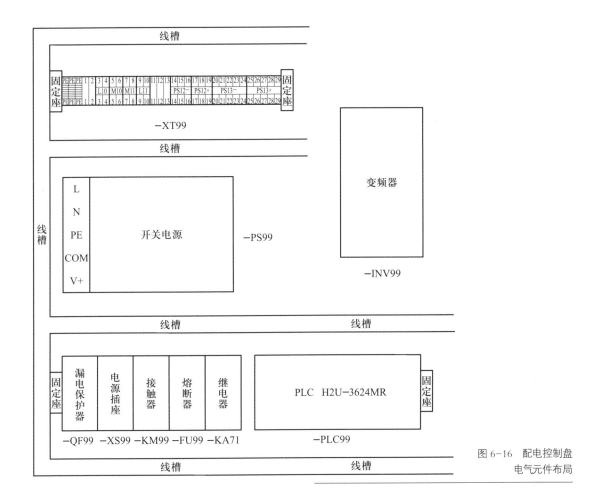

图 6-16 配电控制盘
电气元件布局

气路安装前需仔细阅读气路图,将气路的走向、使用的元器件的数量及位置一一记录。气路安装时要依从安全、美观及节省材料的原则来实施,颗粒上料单元气路图如图 6-17 所示。

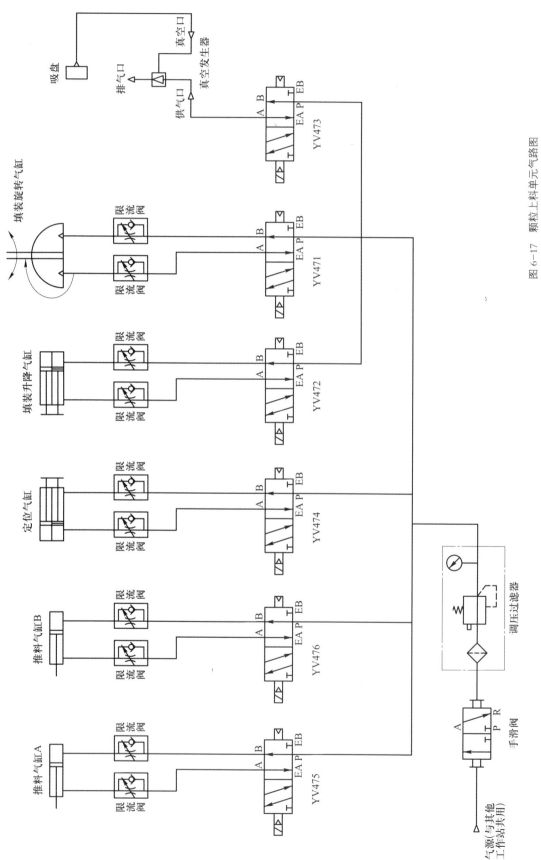

图 6-17 颗粒上料单元气路图

4. 安装实施

（1）挂板电气元件的安装

挂板电气元件安装说明见表 6-4。

（2）电路连接

颗粒上料单元中电路接线可分为 PLC 电路、按钮板接线电路、挂板接线电路、机械模型接线电路四个部分。各部分通过接头线缆相互连接。

表 6-4　挂板电气元件安装说明

序号	元件名称	元件图示	安装说明
1	漏电保护器		整个单元的总开关,采取 DIN 槽固定方式
2	熔断器		采取 DIN 槽固定方式
3	PLC		采取 DIN 槽固定方式
4	接线端子	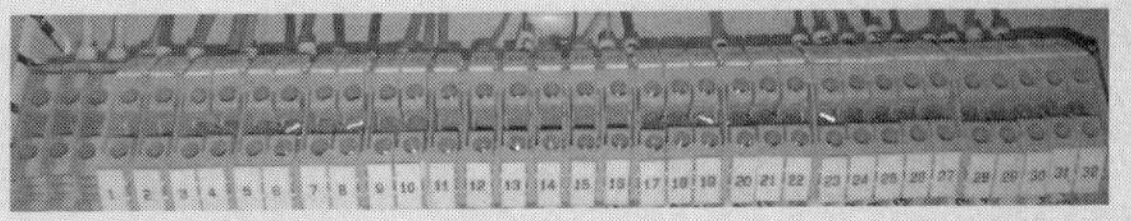	采取 DIN 槽固定方式,等电位的端子采用短接片短接

序号	元件名称	元件图示	安装说明
5	接线板	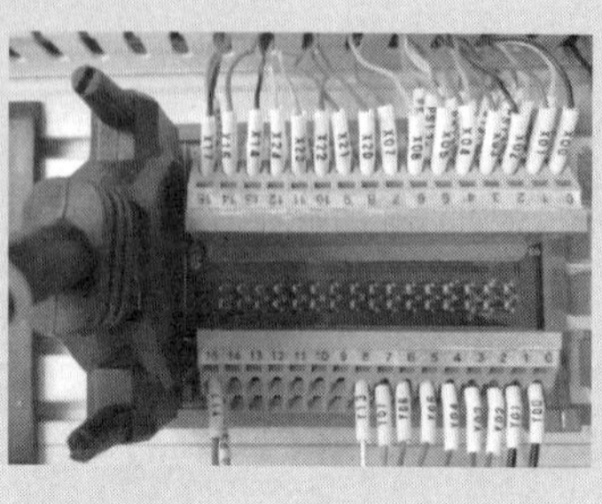	PLC 的输入、输出信号线连接到接线板上,再通过连接导线接到桌面的接线板或者是开关接线板上,采取 DIN 槽固定方式
6	变频器	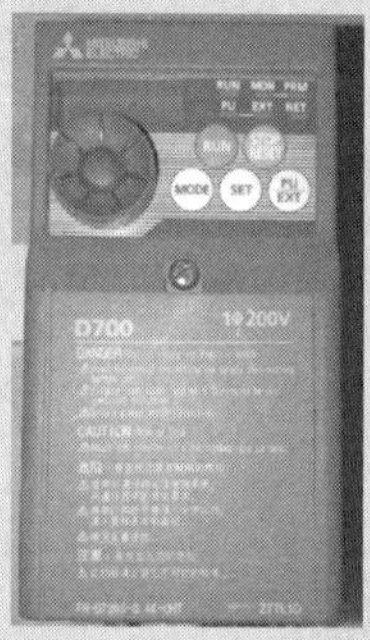	采用螺钉固定方式
7	24 V 直流电源		采用螺钉固定方式

① 端子板的连接。将所有的外部信号连接到 15 针端子板上,先通过 15 针端子板连接到桌面 37 针端子板 CN310 端子上,再通过通信电缆连接到装置下方的电气线路控制板的端子排上,然后连接至 PLC 的 I/O 端,完成 I/O 信号的传递,端子板连接示意如图 6-18 所示。

桌面 37 针端子板 CN310 端子分配见表 6-5,颗粒上料单元(15 针端子板)端子分配见表 6-6。

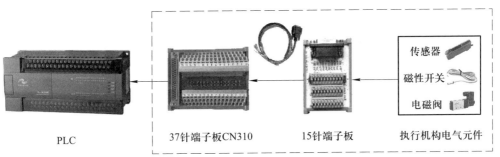

PLC 37针端子板CN310 15针端子板 执行机构电气元件

图 6-18 端子板连接示意

表 6-5 桌面 37 针端子板 CN310 端子分配

端子板 CN310 地址	线号	功能描述
XT3-0	X00	物料瓶上料检测传感器
XT3-1	X01	颗粒填装位检测传感器
XT3-2	X02	颜色 A 确认检测传感器
XT3-3	X03	颜色 B 确认检测传感器
XT3-4	X04	料筒 A 物料检测传感器
XT3-5	X05	料筒 B 物料检测传感器
XT3-6	X06	颗粒到位检测传感器
XT3-7	X07	定位气缸后限位
XT3-8	X20	吸盘填装限位
XT3-9	X21	推料气缸 A 前限位
XT3-10	X22	推料气缸 B 前限位
XT3-11	X23	填装旋转气缸左限位
XT3-12	X24	填装旋转气缸右限位
XT3-13	X14	填装升降气缸上限位
XT3-14	X15	填装升降气缸下限位
XT2-0	Y00	上料传送带电动机启停
XT2-1	Y01	主传送带电动机启停
XT2-2	Y02	填装旋转气缸电磁阀

端子板 CN310 地址	线号	功能描述
XT2-3	Y03	填装升降气缸电磁阀
XT2-4	Y04	填装取料吸盘电磁阀
XT2-5	Y05	定位气缸电磁阀
XT2-6	Y06	推料气缸 A 电磁阀
XT2-7	Y07	推料气缸 B 电磁阀
XT1/XT4	PS13+（+24 V）	24 V 电源正极
XT5	PS13-（0 V）	24 V 电源负极

表 6-6　颗粒上料单元（15 针端子板）端子分配

地址		线号	功能描述
端子板 CN300	XT3-0	X00	物料瓶上料检测传感器
	XT3-1	X01	颗粒填装位检测传感器
	XT3-2	X07	定位气缸后限位
	XT3-5	Y05	定位气缸电磁阀
	XT2	PS13+（+24 V）	24 V 电源正极
	XT1	PS13-（0 V）	24 V 电源负极
端子板 CN301	XT3-0	X14	填装升降气缸上限位
	XT3-1	X15	填装升降气缸下限位
	XT3-2	X20	吸盘填装限位
	XT3-3	X23	填装旋转气缸左限位
	XT3-4	X24	填装旋转气缸右限位
	XT3-5	Y02	填装旋转气缸电磁阀
	XT3-6	Y03	填装升降气缸电磁阀
	XT3-7	Y04	填装取料吸盘电磁阀

地址		线号	功能描述
端子板 CN301	XT2	PS13+（+24 V）	24 V 电源正极
	XT1	PS13-（0 V）	24 V 电源负极
端子板 CN302	XT3-0	X02	颜色 A 确认检测传感器
	XT3-1	X03	颜色 B 确认检测传感器
	XT3-2	X04	料筒 A 物料检测传感器
	XT3-3	X05	料筒 B 物料检测传感器
	XT3-4	X06	颗粒到位检测传感器
	XT3-5	X21	推料气缸 A 前限位
	XT3-6	X22	推料气缸 B 前限位
	XT3-7	Y06	推料气缸 A 电磁阀
	XT3-8	Y07	推料气缸 B 电磁阀
	XT2	PS13+（+24 V）	24 V 电源正极
	XT1	PS13-（0 V）	24 V 电源负极

② 磁性开关与 PLC 的连接。磁性开关 CS1-G 为 NPN 型磁性开关，在颗粒上料单元中这种传感器主要用于检测气缸活动限位；磁性开关引出线有两根，分别是棕色线、蓝色线，棕色线接 PLC 的输入端，蓝色线接 PLC 的 COM 端，磁性开关与 PLC 的连接步骤、图示及说明见表 6-7 所示。

表 6-7 磁性开关与 PLC 的连接步骤、图示及说明

序号	连接步骤	图示及说明
1	固定磁性开关	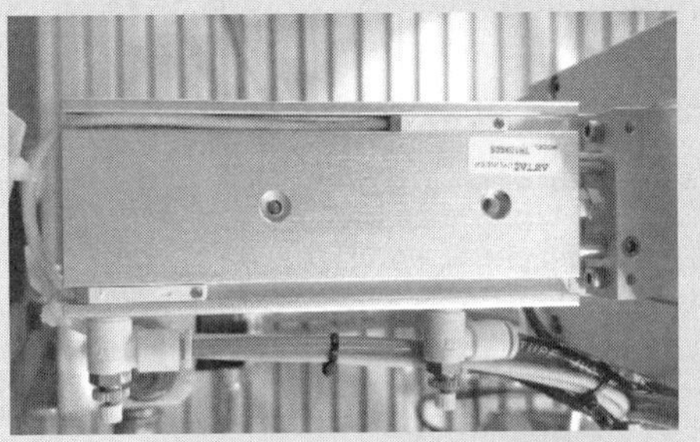 先将磁性开关放到气缸的槽内，然后拧紧磁性开关上的一字螺钉，将磁性开关固定在合适位置

序号	连接步骤	图示及说明
2	将磁性开关接到接线端子板	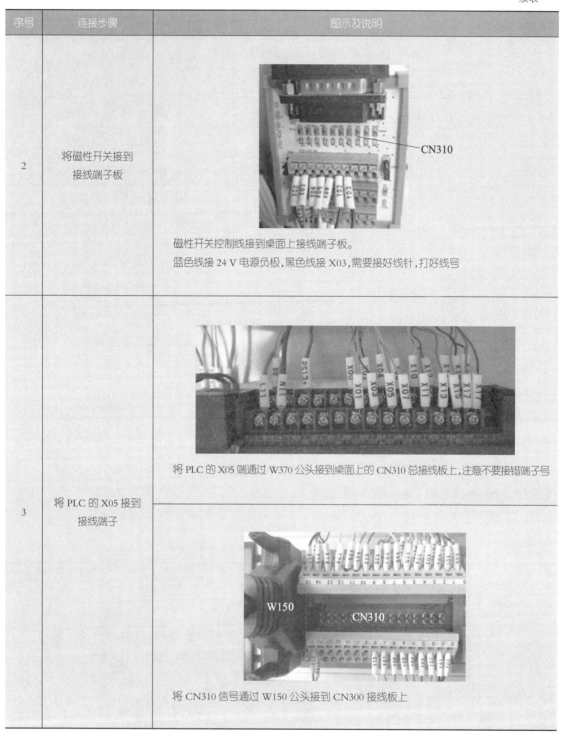磁性开关控制线接到桌面上接线端子板。 蓝色线接 24 V 电源负极,黑色线接 X03,需要接好线针,打好线号
3	将 PLC 的 X05 接到接线端子	将 PLC 的 X05 端通过 W370 公头接到桌面上的 CN310 总接线板上,注意不要接错端子号 将 CN310 信号通过 W150 公头接到 CN300 接线板上

③ 光纤传感器与 PLC 的连接。颗粒上料单元在分辨白、蓝颗粒时,利用了 2 个光纤传感器来进行检测,光纤传感器与 PLC 的连接步骤、图示及说明

见表 6-8,以 PLC 检测颗粒颜色为例(参照世界技能大赛机电一体化项目工艺连接标准),示范 PLC 和光纤传感器的连接。其他光纤传感器与 PLC 的连接可参考此例进行。

④ 直流电动机的连接。颗粒上料单元直流电动机分别应用于上料传送带和主传送带上,PLC 通过线路板 CN320 来控制电动机正反转,使用两块 CN320 线路板分别控制上料传送带和主传送带的直流电动机启停。PLC 与直流电动机的连接步骤、图示及说明见表 6-9,以 PLC 和电动机正反转线路板 CN320 及上料传送带的直流电动机的连接为例,主传送带的 PLC 与直流电动机的接线可参照此例进行。

表 6-8　光纤传感器与 PLC 的连接步骤、图示及说明

序号	连接步骤	图示及说明
1	安装光纤探头	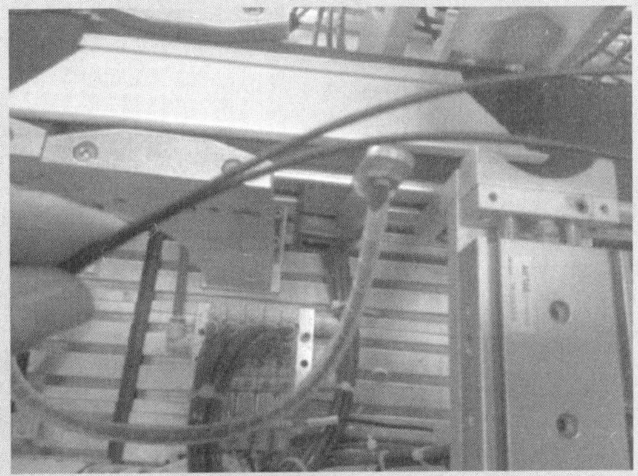 将光纤探头安装在定位气缸左侧横梁上,不用拧过紧,调试时有可能需要调整位置
2	将光纤安装到光纤放大器中	 首先打开放大器上的盖板,然后按下放大器底部的光纤固定扣,将光纤从放大器底部插入放大器中,然后将光纤固定扣扣好。 注意:光纤在使用时严禁拉伸、压缩或者大幅度曲折到底

序号	连接步骤	图示及说明
3	将光纤信号控制线接到桌面接线板上	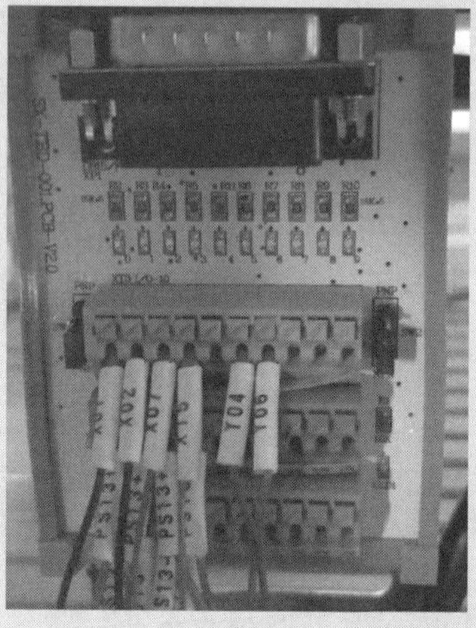 将光纤信号控制线接到桌面上的接线板上相应端子。棕色线接 24 V 正极,蓝色线接 24 V 负极,黑色线接 X01 端子
4	将 PLC 的 X01 端接到接线端子上	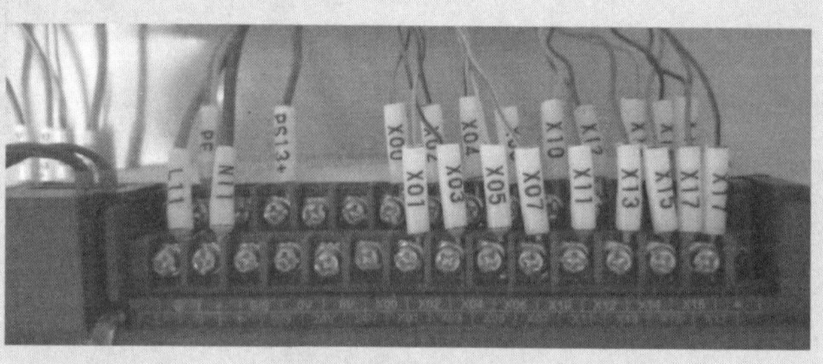 将 PLC 的 X01 端通过 W370 公头接到桌面上的 CN310 总接线板。 注意:不要接错端子号 将 CN310 信号通过 W151 公头接到 CN301 接线板上

表 6-9　PLC 与直流电动机的连接步骤、图示及说明

序号	连接步骤	图示及说明
1	PLC 的 Y00 端接到电动机正反转线路板的 IN1 上	 将 PLC 输出端 Y00 通过公头连接到 CN310 总接线板 XT2 的 0 号位上 从 CN310 总接线板 XT2 的 0 位上接到电动机正反转线路板 CN320 的 IN2 上
2	24 V 直流电源的正极接到电动机正反转线路板的 M+ 上	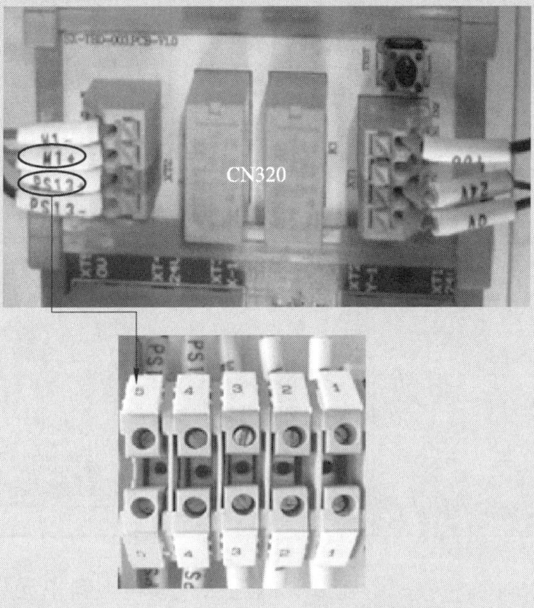 电动机正反转线路板 CN320 的 PS13+（24 V）接到端子排的 5 号端子上

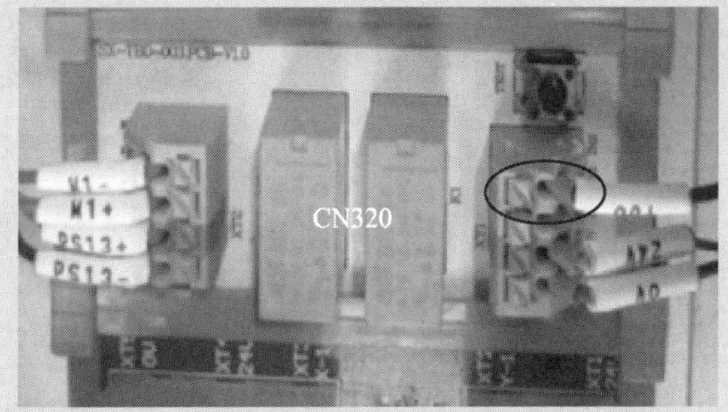

序号	连接步骤	图示及说明
3	24 V 直流电源的负极接到电动机正反转线路板的 M- 上	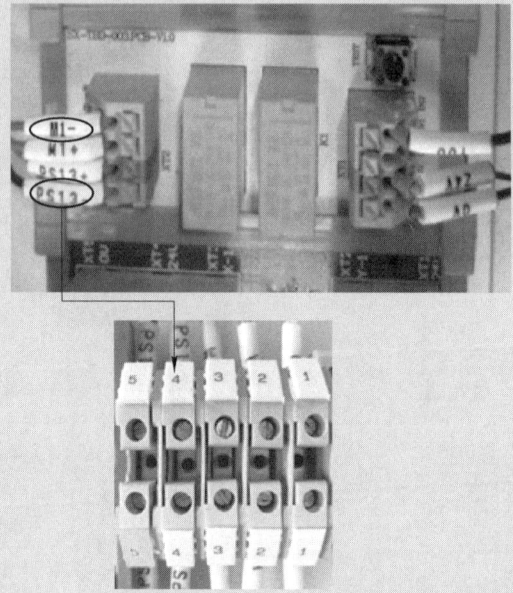 电动机正反转线路板 CN320 的 PS13-（0 V）接到端子排的 4 号端子上
4	端子排 4/5 号端子另外一端接线	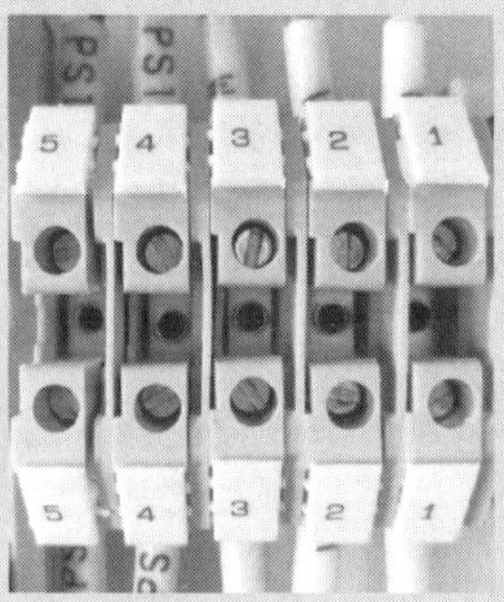 从挂板端子排的 PS13-/PS13+ 引线到桌面端子排的 4/5 号端子上
5	端子 PLC 的 COM1 端接到 PS13-	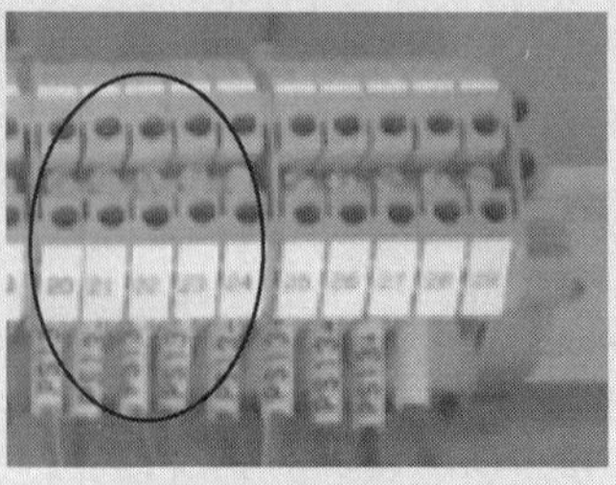

⑤ 电磁阀的连接。颗粒上料单元中使用了 6 个电磁阀,分别是填装旋转气缸电磁阀、填装升降气缸电磁阀、填装取料吸盘电磁阀、定位气缸电磁阀、推

料气缸 A 电磁阀、推料气缸 B 电磁阀。PLC 与电磁阀的连接步骤、图示及说
明见表 6-10,以 PLC 和定位气缸电磁阀的连接为例,PLC 与其他电磁阀的连
接方法可参照此例进行。

表 6-10　PLC 与电磁阀的连接步骤、图示及说明

序号	连接步骤	图示及说明
1	PLC 的 Y05 端接电磁阀的一根导线（黑色线）	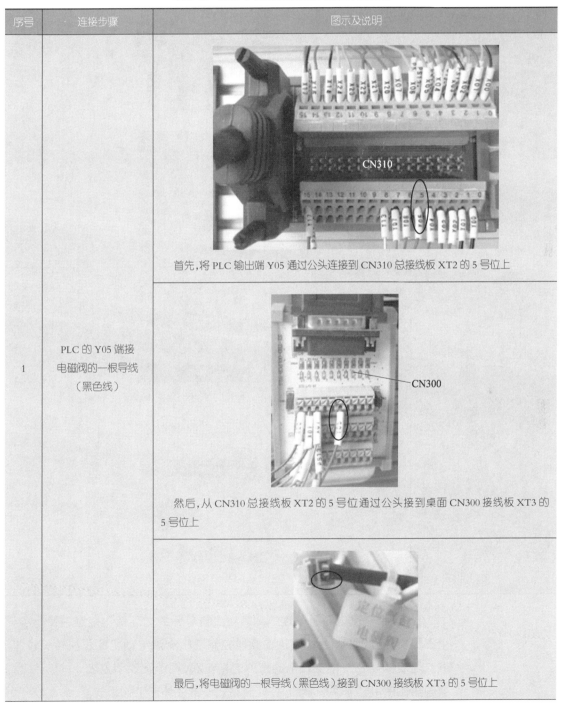 首先,将 PLC 输出端 Y05 通过公头连接到 CN310 总接线板 XT2 的 5 号位上 然后,从 CN310 总接线板 XT2 的 5 号位通过公头接到桌面 CN300 接线板 XT3 的 5 号位上 最后,将电磁阀的一根导线（黑色线）接到 CN300 接线板 XT3 的 5 号位上

序号	连接步骤	图示及说明
2	PLC 的 COM2 端接到 24 V 直流电源的负极	  COM2 端子是输出端 Y02 和 Y03 的公共端
3	24 V 直流电源的正极接到电磁阀的另一根导线（红色线）	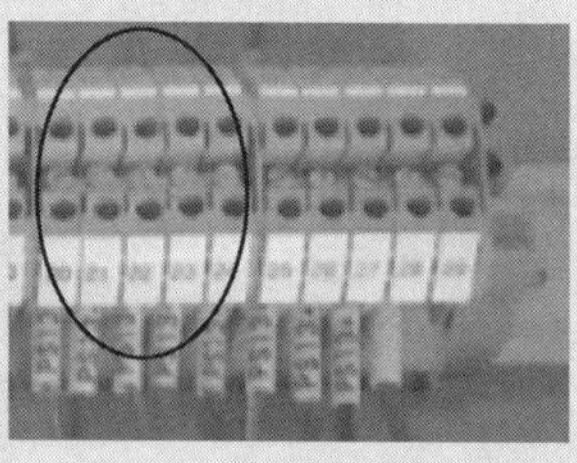 24 V 正极从挂板端子排 PS13+ 接到桌面 CN310 总接线板的 XT1/XT4 上，再接到 CN300 的 XT2  电磁阀的另一根导线（红色线）可以接到 XT2 的任何一个接口上

⑥ 三相交流电动机的连接。颗粒上料单元的循环选料装置中使用了一个三相交流电动机，PLC 通过变频器控制三相交流电动机的正反转和转速，PLC 与变频器及三相交流电动机的连接步骤、图示及说明见表 6-11。注意：变频器在使用时需调节参数，将控制模式设置成外部工作模式。

表 6-11　PLC 与变频器及三相交流电动机的连接步骤、图示及说明

序号	连接步骤	图示及说明
1	变频器的 L1、L2 端接入单相交流电	线号 L11 为相线,线号 N11 为中线 为保护变频器,在相线上串联熔断器
2	变频器的 U、V、W 端接到三相异步电动机	将变频器 U、V、W 三根导线接到挂板的接线端子上,然后再接到桌面接线端子 1、2、3 上 将电动机 U、V、W 三根导线以此接到桌面接线端子 1、2、3 上

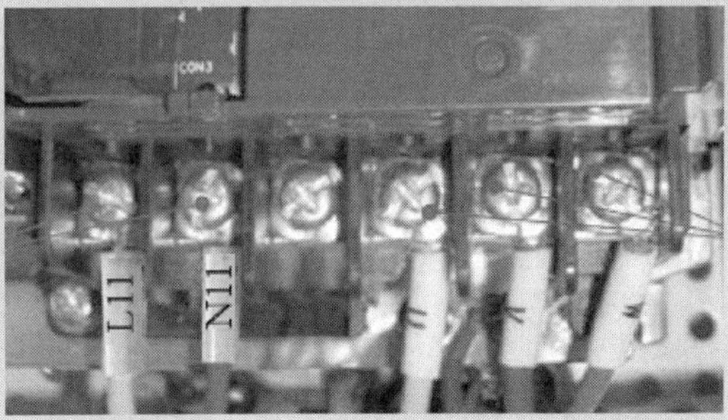

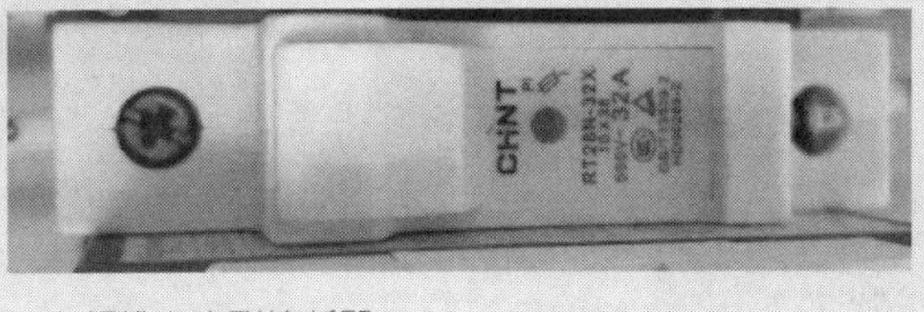

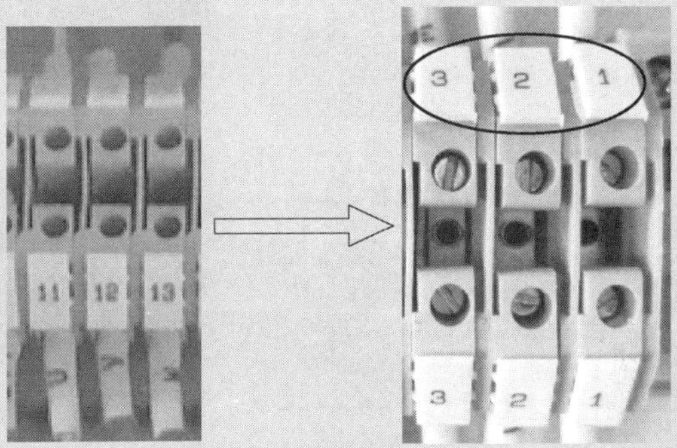

序号	连接步骤	图示及说明
3	PLC 的 Y23、Y24、Y25、Y26、Y27 分别接到变频器的 STF、STR、RH、RM、RL 端	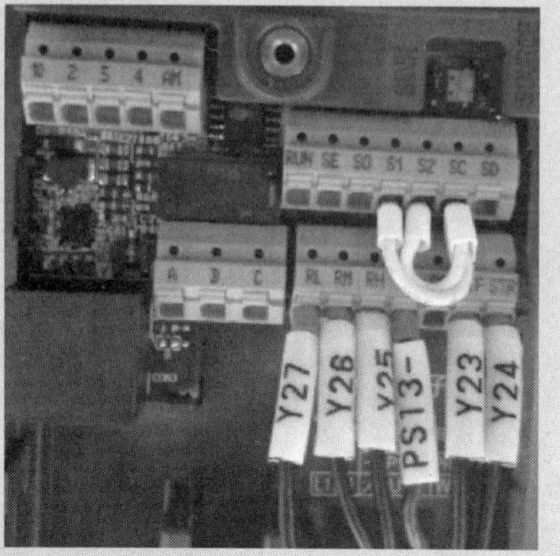 PLC 输出点直接通过线槽连接到变频器上
4	挂板 24 V 电源负极接到变频器的公共端 SD	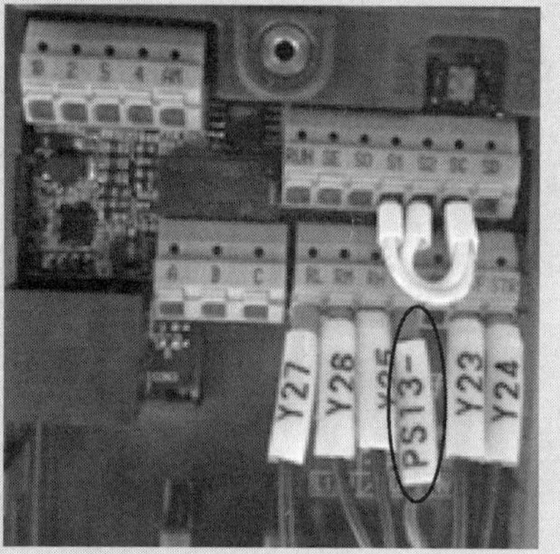 挂板 24 V 电源负极直接通过线槽连接到变频器的公共端 SD 上

（3）气路的连接

颗粒上料单元气路部分共用到 6 个电磁阀，有 3 个安装在汇流板上，另有 3 个悬挂在对应的气缸旁边，通过 PLC 控制各种气缸。打开气源，利用小一字改锥对气动电磁阀的测试旋钮进行操作，按下测试旋钮，气缸状态发生改变即为气路连接正确。电磁阀与定位气缸气路的连接步骤、图示及说明见表 6-12，以电磁阀和定位气缸气路连接为例，其他气缸气路连接可参照此例进行。

连接电磁阀、气缸时，气管走向应按序排布，均匀美观，不能交叉、打折；气管要在快速接头中插紧，不能有漏气现象。

表 6-12　电磁阀与定位气缸气路的连接步骤、图示及说明

序号	连接步骤	图示及说明
1	将气源连接到汇流板 P 端	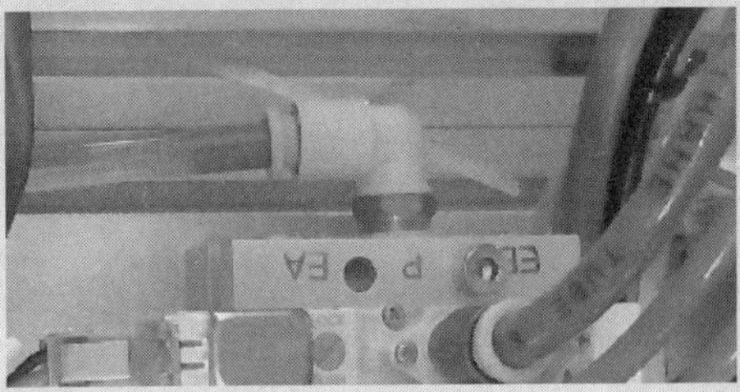 　手法要轻,避免损坏汇流板
2	将电磁阀 A 端接到定位气缸后部节流阀	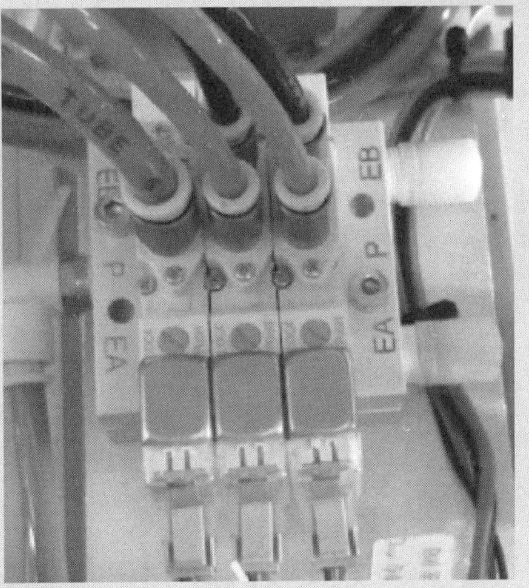 　在接气管之前最好能够大致估计出所用气管长度,将气管剪好后再进行连接,电磁阀上的蓝色按钮是手动控制按钮
3	将电磁阀 B 端接到定位气缸前部节流阀	 　手法要轻,避免损坏节流阀,接好气管后,按下电磁阀上的手动控制按钮,如果气缸能够推出,说明连接正确,然后根据需要拧动节流阀上的螺栓调节气流大小

ℹ **任务评价**

对任务的实施情况进行评价,评分内容及结果见表 6-13。

表 6-13　任务 6-2 评分内容及结果

＿＿＿＿＿＿学年			任务形式 □个人　□小组分工　□小组	工作时间 ＿＿＿＿＿min	
任务名称	内容分值		评分标准	学生 自评	教师 评分
颗粒上料单元电路与气路的连接及操作	元件固定 （10分）	元件固定牢靠 （10分）	元件固定不牢靠，每个扣 5 分，扣完为止		
	PLC 控制电动机功能 （15分）	上料传送带电动机运行正常；主传送带电动机运行正常；交流电动机运行正常 （15分）	（1）上料传送带电动机不能运行，扣 5 分； （2）主传送带电动机不能运行，扣 5 分； （3）交流电动机不能运行，扣 5 分		
	导线安装 （10分）	接线端子安装正确 （10分）	（1）接线端子安装位置错误，每处扣 2 分，扣完为止； （2）接线端子安装不紧固，每处扣 1 分，扣完为止		
	线槽固定 （10分）	线槽安装牢靠，导线出线槽整齐 （10分）	（1）线槽安装不结实，每处扣 3 分，扣完为止； （2）导线出线槽不整齐，每处扣 3 分，扣完为止		
	导线压针形端子 （10分）	针形端子压接牢固；导线长短合适；针形端子大小合适 （10分）	（1）针形端子压接不紧，每个扣 2 分； （2）导线漏铜，每处扣 1 分； （3）针形端子大小不合适，每个扣 1 分		
	导线穿线号 （10分）	导线两端穿上相同线号 （10分）	导线不穿线号，每处扣 1 分，扣完为止		
	气管连接 （15分）	气管连接正确 （15分）	（1）气管连接错误，每处扣 5 分； （2）气管连接漏气，每处扣 3 分		
	气管固定 （10分）	马蹄形固定座安装牢靠；气管绑扎松紧合适 （10分）	（1）马蹄形固定座安装不牢靠，每个扣 2 分，扣完为止； （2）气管绑扎太松或太紧，每个扣 2 分，扣完为止		
	安全文明生产 （10分）	劳动保护用品穿戴整齐；遵守操作规程；讲文明礼貌；操作结束要清理现场 （10分）	（1）操作中，违反安全文明生产考核要求的任何一项扣 5 分，扣完为止； （2）当发现有重大事故隐患时，须立即予以制止，并每次扣安全文明生产总分 5 分； （3）穿戴不整洁，扣 2 分；设备不还原，扣 5 分；现场不清理，扣 5 分		
合计					

学生：＿＿＿＿＿　　老师：＿＿＿＿＿　　日期：＿＿＿＿＿

任务拓展

根据三料筒推料机构,可将多出的料筒定义为料筒 C。此时多出了料筒 C 物料检测、推料气缸 C 前限位检测、颗粒到位检测、推料气缸 C 电磁阀检测,多出了"3 输入 1 输出"的信号检测。桌面 37 针端子板 CN310 新增端子分配见表 6-14,颗粒上料单元新增(15 针端子板)端子分配见表 6-15,按表 6-14、表 6-15 的顺序正确连接该机构信号。

表 6-14　桌面 37 针端子板 CN310 新增端子分配

端子板 CN310 地址	线号	功能描述
XT3-15	X25	料筒 C 物料检测传感器
XT3-16	X26	推料气缸 C 前限位
XT3-17	X27	颗粒到位检测传感器
XT2-8	Y20	推料气缸 C 电磁阀

表 6-15　颗粒上料单元新增(15 针端子板)端子分配

地址		线号	功能描述
端子板 CN302	XT3-9	X25	料筒 C 物料检测传感器
	XT3-10	X26	推料气缸 C 前限位
	XT3-11	X27	颗粒到位检测传感器
	XT3-12	Y20	推料气缸 C 电磁阀

任务 6-3　颗粒上料单元功能的编程与调试

任务描述

实现将空瓶逐个输送到主传送带上,当物料瓶上料检测传感器检测到有空物料瓶到位,上料传送带停止;同时循环传送带机构将供料机构的物料推出,根据物料颗粒的颜色进行分拣;当空瓶到达填装位后,填装定位机构将空瓶固定,主传送带停止;填装机构将分拣到位的颗粒物料吸取放到空物料瓶内;物料瓶内填装物料到达设定的颗粒数量后,定位气缸松开,主传送带启动,将物料瓶传送到下一个工位,要求系统运行平稳流畅。

任务实施

1. 任务要求

初始位置:上料传送带停止,主传送带停止,推料气缸 A 缩回,推料气缸

B 缩回,定位气缸缩回,填装机构处于物料吸取位置上方。气源二联件压力表调节到 0.5 MPa。在上料输送带上人工放置 6 个空瓶,间距小于 10 mm,料筒 A 内放置 20 颗白色物料,料筒 B 内放置 5 颗粒蓝色物料。

控制流程如下:

① 上电,系统处于停止状态下。停止指示灯亮,启动和复位指示灯灭。

② 在停止状态下,按下复位按钮,该单元复位,复位过程中,复位指示灯闪亮,所有机构回到初始位置。复位完成后,复位指示灯常亮,启动和停止指示灯灭。运行或复位状态下,按启动按钮无效。

③ 在复位就绪状态下,按下启动按钮,单元启动,启动指示灯亮,停止和复位指示灯灭。

④ 推料气缸 A 推出 9 颗白色物料,推料气缸 B 推出 2 颗蓝色物料。

⑤ 循环传送带启动且高速运行,变频器以 50 Hz 频率输出。

⑥ 当传送带机构上的颜色确认检测传感器检测到有白色物料通过时,变频器反转,并以 20 Hz 频率输出,如果超过 10 s,仍没有检测到白色物料通过,则重新开始第④步。

⑦ 当白色物料到达取料位后,颗粒到位检测传感器动作,循环传送带停止。

⑧ 填装机构下降。

⑨ 吸盘打开,吸住物料。

⑩ 填装机构上升。

⑪ 填装机构转向装料位。

⑫ 在第④步开始的同时,上料传送带与主传送带同时启动,当物料瓶上料检测传感器检测到空瓶时,上料传送带停止,当主传送带上的空瓶移动一段距离后,上料传送带动作,继续将空瓶以小于 20 cm 的间隔,逐个输送到主传送带。

⑬ 当颗粒填装位检测传感器检测到空瓶,并等待空瓶到达填装位时,主传送带停止,定位气缸伸出,将空瓶固定。

⑭ 当第⑪步和第⑬都完成后,填装机构下降。

⑮ 填装机构下降到吸盘填装限位开关感应到位后,吸盘关闭,物料顺利放入瓶子,无任何碰撞现象。

⑯ 填装机构上升。

⑰ 填装机构转向取料位。

⑱ 当瓶子装满 3 颗物料时,进入第⑦步,装满则进入下一步。

⑲ 定位气缸缩回。

⑳ 主传送带启动,将瓶子输送到下一工位。

㉑ 循环进入第④步。

㉒ 在任何启动运行状态下,按下停止按钮,该单元停止工作,停止指示灯亮,启动和复位指示灯灭。

2. 程序控制流程

颗粒上料单元在上电后,首先检测本单元是否在初始状态,如果不在初始状态,则各执行机构复位,待各机构复位完成后,复位指示灯常亮,此时表示可以进入运行状态。按下启动按钮后,执行上料分拣、吸取填装、输送运行等子程序,在运行中按下停止按钮或填装完成后均执行停止程序,返回初态。颗粒上料单元程序控制流程如图 6-19 所示。

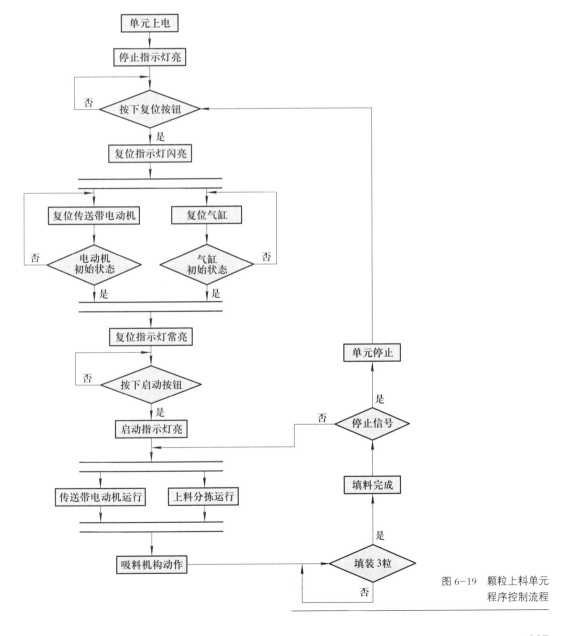

图 6-19 颗粒上料单元
程序控制流程

3. I/O 地址功能分配

I/O 地址功能分配见表 6-16。

表 6-16　I/O 地址功能分配表

序号	名称	功能描述
1	X00	上料位感应到物料瓶，X00 闭合
2	X01	颗粒填装位感应到物料，X01 闭合
3	X02	检测到颜色 A 物料，X02 闭合
4	X03	检测到颜色 B 物料，X03 闭合
5	X04	检测到料筒 A 有物料，X04 闭合
6	X05	检测到料筒 B 有物料，X05 闭合
7	X06	传送带取料位检测到物料，X06 闭合
8	X07	定位气缸后限位感应，X07 闭合
9	X10	按下启动按钮，X10 闭合
10	X11	按下停止按钮，X11 闭合
11	X12	按下复位按钮，X12 闭合
12	X13	按下联机按钮，X13 闭合
13	X14	填装升降气缸上限位感应，X14 闭合
14	X15	填装升降气缸下限位感应，X15 闭合
15	X20	吸盘填装限位感应，X20 闭合
16	X21	推料气缸 A 前限位感应，X21 闭合
17	X22	推料气缸 B 前限位感应，X22 闭合
18	X23	填装旋转气缸左限位感应，X23 闭合
19	X24	填装旋转气缸右限位感应，X24 闭合
20	Y00	Y00 闭合，上料传送带运行
21	Y01	Y01 闭合，主传送带运行
22	Y02	Y02 闭合，填装旋转气缸旋转
23	Y03	Y03 闭合，填装升降气缸下降
24	Y04	Y04 闭合，吸盘吸料
25	Y05	Y05 闭合，定位气缸伸出
26	Y06	Y06 闭合，推料气缸 A 推料
27	Y07	Y07 闭合，推料气缸 B 推料
28	Y10	Y10 闭合，启动指示灯亮
29	Y11	Y11 闭合，停止指示灯亮
30	Y12	Y12 闭合，复位指示灯亮
31	Y23	Y23 闭合，变频电动机正转
32	Y24	Y24 闭合，变频电动机反转
33	Y25	Y25 闭合，变频电动机高速档
34	Y26	Y26 闭合，变频电动机中速档
35	Y27	Y27 闭合，变频电动机低速档

4. 编程要点

颗粒上料单元的主要工作是分拣及颗粒填装。在调试前先检查设备的初始状态,确定系统准备就绪。

（1）启动程序

将颗粒及空瓶分别放入料筒与传送带中,按下启动按钮,进入运行状态,分别调用传送带运行子程序、吸取填装子程序、上料分拣子程序,启动程序如图 6-20 所示。

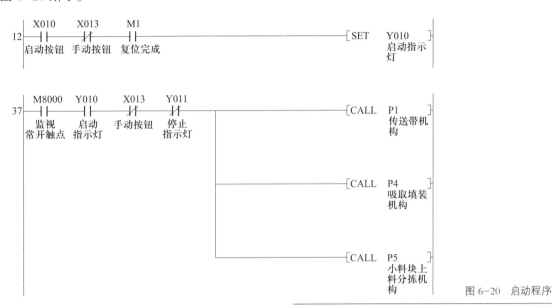

图 6-20　启动程序

（2）停止程序

在系统运行时,随时按下停止按钮,检测停止子程序的功能。若按下停止按钮,则系统应立即停止,停止程序如图 6-21 所示。

图 6-21　停止程序

（3）复位程序

PLC 上电或者按下控制面板上的复位按钮,则置位复位标志 M0,调用复位子程序,在复位子程序里将所有的输出全部复位,同时将计数器和定时器清零,复位程序如图 6-22 所示。

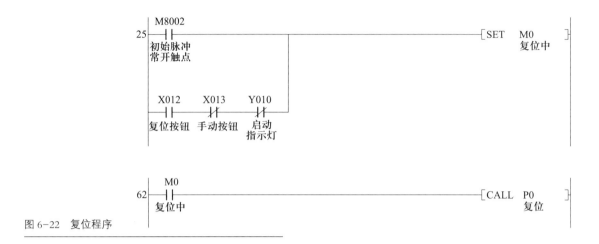

图 6-22　复位程序

（4）颗粒颜色辨别程序

上料分拣装置料筒 A 推出 9 颗白色物料,料筒 B 推出 2 颗蓝色物料,并能通过变频器高速运行将白色物料筛选出来,以低速传送到物料口,交由填装吸料机构将颗粒填装到空瓶中,颗粒颜色辨别程序如图 6-23 所示。

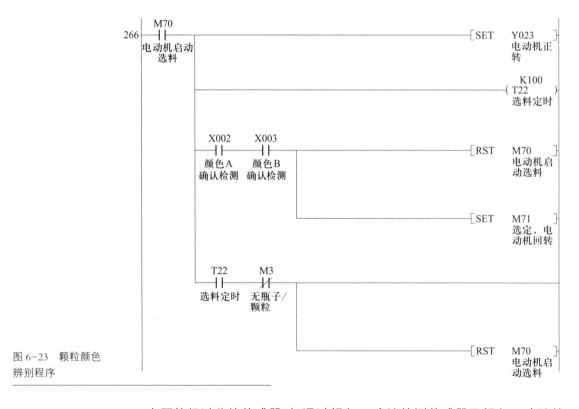

图 6-23　颗粒颜色辨别程序

在颗粒经过分拣传感器时,通过颜色 A 确认检测传感器及颜色 B 确认检测传感器将颗粒颜色区分开,若检测到白色颗粒,即刻进入选定程序将白色颗粒筛选出来。若长时间检测不到颗粒经过,则判定为颗粒不足,即进入颗粒添加程序。

颜色确认检测传感器不仅影响颗粒上料的判定,而且筛选的效率也影响了系统的效率,需仔细反复调整。才能将程序的运行效率及流畅度提高。

（5）空瓶间隔程序

为了保证空瓶之间有一定的间隔距离,采用积算定时器 T250 来对空瓶传送线和主传送线进行启、停时间的控制,保持空瓶间隔程序如图 6-24 所示。

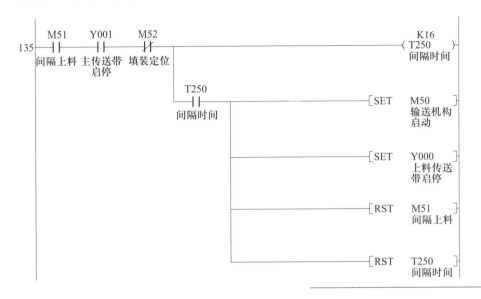

图 6-24 保持空瓶间隔程序

视频: 变频器面板基本操作

视频: 变频器参数变更

视频: 变频器运行模式设定

5. 运行与调试

（1）变频器参数设置

变频器参数见表 6-17。

（2）功能测试

颗料上料单元功能测试见表 6-18,根据任务书,按要求测试功能。

视频: 变频器参数设置

表 6-17 变频器参数

序号	功能	设定值
1	外部 /PU 组合模式	3
2	变频器输出频率上限值	50 Hz
3	变频器输出频率下限值	10 Hz
4	变频电动机高速	50 Hz
5	变频电动机中速	30 Hz
6	变频电动机低速	20 Hz
7	加速时间	0.5 s
8	减速时间	0.5 s

表 6-18　颗料上料单元功能测试

测试内容	测试要求	评分	
		配分	得分
参数设置	外部 /PU 组合模式 Pr.79 为 3	1	
	变频电动机高速 Pr.4 为 50 Hz	1	
	变频电动机中速 Pr.5 为 30 Hz	1	
	变频电动机低速 Pr.6 为 20 Hz	1	
	加速时间 Pr.7 为 0.5 s	1	
	减速时间 Pr.8 为 0.5 s	1	
	变频器输出频率上限值 Pr.1 为 50 Hz	1	
	变频器输出频率下限值 Pr.2 为 10 Hz	1	
	气源二联件压力表调节到 0.4 ~ 0.5 MPa	1	
单机自动运行过程	（1）上电，系统处于单机、停止状态下	2	
	停止指示灯亮	1	
	启动指示灯灭	1	
	复位指示灯灭	1	
	（2）在停止状态下，按下复位按钮，该单元开始复位	2	
	复位过程中，复位指示灯闪亮	1	
	启动指示灯灭	1	
	停止指示灯灭	1	
	复位结束后，复位指示灯常亮	1	
	运行或复位状态下，按钮无效	1	
	所有机构回到初始位置如下：		
	上料传送带停止	2	
	主传送带停止	2	
	推料气缸 A 缩回	2	
	推料气缸 B 缩回	2	
	定位气缸缩回	2	
	填装机构处于物料吸取位置上方	2	
	（3）在复位状态下，按下启动按钮，单元启动	2	
	启动指示灯亮	2	
	停止指示灯灭	2	
	复位指示灯灭	2	
	停止或运行状态下，按启动按钮无效	2	

测试内容	测试要求	评分	
		配分	得分
单机自动运行过程	（4）供料机构料筒 A 推出 6 颗白色物料,料筒 B 推出 2 颗蓝色物料（注:边推物料传送带边运行,或者推完物料传送带再运行,两种方法均可）	2	
	（5）循环选料皮带启动且高速运行,变频器以 50 Hz 频率输出	2	
	（6）循环选料机构检测到白色物料通过颜色检测传感器	2	
	变频器反转启动	2	
	变频器以低速段 20 Hz 频率输出	2	
	如果超过 10 s,仍没有检测到白色物料通过,则重新开始第（4）步	2	
	（7）当白色物料到达取料位后,传送带停止	2	
	（8）填装机构下降	2	
	（9）吸盘打开,吸住物料	2	
	（10）填装机构上升	2	
	（11）填装机构转向装料位	2	
	（12）在第（4）步开始的同时	2	
	上料传送带逐个将空瓶输送到主输送带	3	
	空瓶小于 20 cm 的间隔	2	
	（13）空瓶到达填装位		
	定位气缸伸出,将空瓶固定	2	
	主传送带停止	2	
	（14）当第（11）步和第（13）步都完成后,填装机构下降	2	
	（15）填装机构下降到吸盘填装限位开关感应到位后,吸盘关闭,物料顺利放入瓶子,无任何碰撞现象	2	
	（16）填装机构上升	2	
	（17）填装机构转向取料位	2	
	（18）当瓶子未装满 3 颗物料时,重新开始第（7）步。否则,进入第（19）步	2	
	（19）定位气缸缩回	2	
	（20）主传送带启动,将瓶子输送到下一工位	2	
	（21）循环进入第（6）步,进行下一个瓶子的填装	2	
	（22）在任何启动运行状态下,按下停止按钮,本单元立即停止,所有机构不工作	2	
	停止指示灯亮	2	
	启动指示灯灭	2	
	复位指示灯灭	2	
合计		100	

ℹ 任务评价

对任务的实施情况进行评价,评分内容及结果见表 6-19。

表 6-19　任务 6-3 评分内容及结果

学年			任务形式 □个人　□小组分工　□小组	工作时间 　　　　min	
任务名称	内容分值		评分标准	学生 自评	教师 评分
颗粒上料单元功能的编程与调试	编程软件使用 (10分)	会使用编程软件 (10分)	(1) 不会选择 PLC 型号,扣 2 分; (2) 不会新建工程,扣 2 分; (3) 不会输入程序,扣 3 分; (4) 不会下载程序,扣 3 分		
	程序编写 (50分)	根据功能要求编写控制程序 (50分)	表 6-18 得分 ×50% 为该项得分		
	变频器参数设置 (30分)	会设置变频器参数 (30分)	(1) 不会切换工作模式,扣 10 分; (2) 不会设置基本参数,扣 10 分; (3) 不会恢复出厂设置,扣 10 分		
	安全文明生产 (10分)	劳动保护用品穿戴整齐;遵守操作规程;讲文明礼貌;操作结束要清理现场 (10分)	(1) 操作中,违反安全文明生产考核要求的任何一项扣 5 分,扣完为止; (2) 当发现有重大事故隐患时,须立即予以制止,并每次扣安全文明生产总分 5 分; (3) 穿戴不整洁,扣 2 分;设备不会还原,扣 5 分;现场不清理,扣 5 分		
合计					

学生:　　　　　　老师:　　　　　　日期:　　　　　

🔖 任务拓展

1. 控制要求

初始位置:上料传送带停止,主传送带停止,推料气缸 A 缩回,推料气缸 B 缩回,推料气缸 C 缩回,定位气缸缩回,填装机构处于物料吸取位置上方。气源二联件压力表调节到 0.5 MPa。在上料传送带上人工放置 6 个空瓶,间距小于 10 mm,料筒 A 内放置 10 颗白色物料,料筒 B 内放置 10 颗蓝色物料,料筒 C 内放置 10 颗黑色物料。

控制流程如下:

① 上电,系统处于停止状态下。停止指示灯亮,启动和复位指示灯灭。

② 在停止状态下,按下复位按钮,该单元复位。复位过程中,复位指示灯

闪亮,所有机构回到初始位置。复位完成后,复位指示灯常亮,启动和停止指示灯灭。运行或复位状态下,按启动按钮无效。

③ 在复位就绪状态下,按下启动按钮,单元启动,启动指示灯亮,停止和复位指示灯灭。

④ 根据人机界面设定装瓶的颗粒组合,要求"1 蓝 1 白 1 黑",且按上述顺序依次推料。

⑤ 循环传送带启动且高速运行,变频器以 50 Hz 频率输出,到达到位信号时传送带停止。

⑥ 当传送带机构上的颜色确认检测传感器检测到符合条件的颗粒时,则进入第⑦步,如果不符合条件,以 20 Hz 的频率反转 5 s 后停止,等待人工取走后,重新按下启动按钮,重新开始。

⑦ 填装机构下降。

⑧ 吸盘打开,吸住物料。

⑨ 填装机构上升。

⑩ 填装机构转向装料位。

⑪ 在第⑤步开始的同时,上料传送带与主传送带同时启动,当物料瓶上料检测传感器检测到空瓶时,上料传送带停止,当主传送带上的空瓶移动一段距离后,上料传送带动作,继续将空瓶以小于 20 cm 的间隔,逐个输送到主传送带。

⑫ 当颗粒填装位检测传感器检测到空瓶,并等待空瓶到达填装位时,主传送带停止,定位气缸伸出,将空瓶固定。

⑬ 当第⑩步和第⑫都完成后,填装机构下降。

⑭ 填装机构下降到吸盘填装限位开关感应到位后,吸盘关闭,物料顺利放入瓶子,无任何碰撞现象。

⑮ 填装机构上升。

⑯ 填装机构转向取料位。

⑰ 当瓶子装满 3 颗物料时,进入第⑥步,装满则进入下一步。

⑱ 定位气缸缩回。

⑲ 主传送带启动,将瓶子输送到下一工位。

⑳ 循环进入第④步。

㉑ 在任何启动运行状态下,按下停止按钮,该单元停止工作,停止指示灯亮,启动和复位指示灯灭。

2. 程序调试

三料筒推料的程序和原循环选料的程序略有不同,并且根据人机界面的设定,有一定的推料的顺序限制,按照人机界面设定顺序推出物料。

　　由人机界面选择第一个物料为蓝色,第二个物料为白色,第三个物料为黑色。选定完成后启动运行,本单元的推料顺序为"1蓝1白1黑"。本单元的推料顺序可根据人机界面自行设定,三料筒推料程序如图6-25所示。

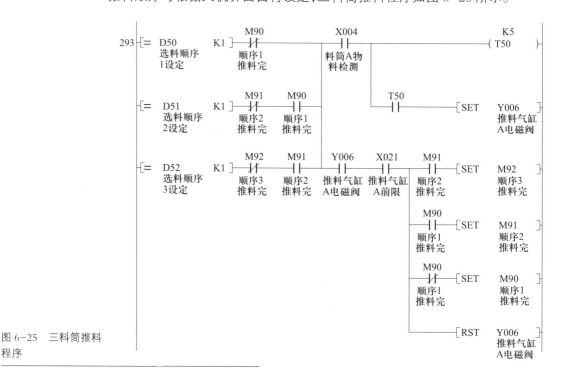

图6-25　三料筒推料程序

　　传送带启动并高速运行,变频器以50 Hz频率输出,到达到位信号时传送带停止。当颗粒被拿走之后,循环传送带继续高速运行,直到颗粒上料单元停止运行。传送带控制程序如图6-26所示。

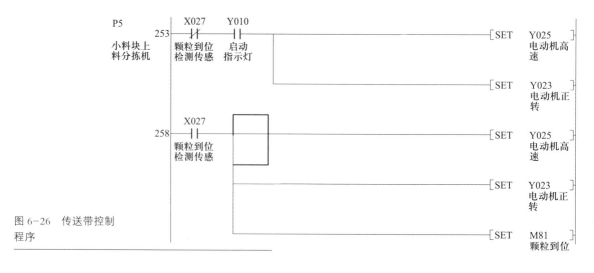

图6-26　传送带控制程序

任务 6-4 颗粒上料单元人机界面的设计与测试

任务描述

按控制功能的要求,设计符合控制功能要求的人机界面,实现手动控制、单周期运行、自动运行,能够显示和满足联机控制的要求。

任务实施

颗粒上料单元人机界面如图 6-27 所示。设计人机界面时,输入信息为 1 时,指示灯为绿色;输入信息为 0 时,指示灯保持灰色。按钮强制输出 1 时为红色;按钮强制输出 0 时为灰色。触摸屏上设置一个手动模式 / 自动模式按钮,只有在该按钮被按下,且单元处于"单机"状态时,手动强制输出控制按钮才有效。

颗粒上料单元监控画面数据监控见表 6-20,按表 6-20 完成连接关联变量,满足功能测试要求。

视 频:MCGS 软 件的应用

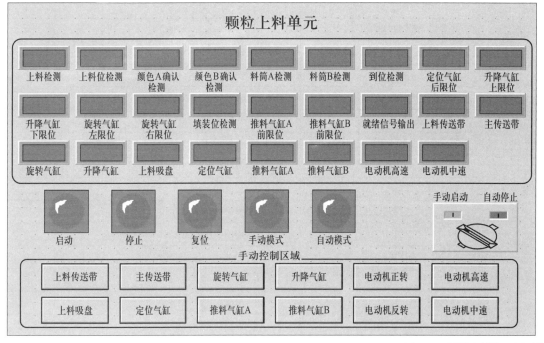

图 6-27　颗粒上料单元人机界面

表 6-20　颗粒上料单元监控画面数据监控

作用	名称	关联变量	配分	得分
指示灯显示	上料检测	设备 0_ 读写 M0836	2	
	上料位检测	设备 0_ 读写 M0837	2	
	颜色 A 确认检测	设备 0_ 读写 M0838	2	
	颜色 B 确认检测	设备 0_ 读写 M0839	2	
	料筒 A 检测	设备 0_ 读写 M0840	2	
	料筒 B 检测	设备 0_ 读写 M0841	2	
	到位检测	设备 0_ 读写 M0842	2	
	定位气缸后限位	设备 0_ 读写 M0843	2	
	升降气缸上限位	设备 0_ 读写 M0844	2	
	升降气缸下限位	设备 0_ 读写 M0845	2	
	旋转气缸左限位	设备 0_ 读写 M0831	2	
	旋转气缸右限位	设备 0_ 读写 M0847	2	
	填装位检测	设备 0_ 读写 M0828	2	
	推料气缸 A 前限位	设备 0_ 读写 M0829	2	
	推料气缸 B 前限位	设备 0_ 读写 M0830	2	
	就绪信号输出	设备 0_ 读写 M0001	2	
	上料传送带	设备 0_ 读写 M0700	2	
	主传送带	设备 0_ 读写 M0701	2	
	旋转气缸	设备 0_ 读写 M0702	2	
	升降气缸	设备 0_ 读写 M0703	2	
	上料吸盘	设备 0_ 读写 M0704	2	
	定位气缸	设备 0_ 读写 M0705	2	
	推料气缸 A	设备 0_ 读写 M0706	2	
	推料气缸 B	设备 0_ 读写 M0707	2	
	电动机高速	设备 0_ 读写 M0708	2	
	电动机中速	设备 0_ 读写 M0709	2	
	启动	设备 0_ 读写 M0832	2	
	停止	设备 0_ 读写 M0833	2	
	复位	设备 0_ 读写 M0834	2	
	手动模式	设备 0_ 读写 M0846	3	
	自动模式	设备 0_ 读写 M0846	3	
按钮操作	上料传送带	设备 0_ 读写 M0848	3	
	主传送带	设备 0_ 读写 M0849	3	

作用	名称	关联变量	配分	得分
按钮操作	旋转气缸	设备 0_ 读写 M0850	3	
	升降气缸	设备 0_ 读写 M0851	3	
	电动机正转	设备 0_ 读写 M0852	3	
	电动机高速	设备 0_ 读写 M0853	3	
	上料吸盘	设备 0_ 读写 M0854	3	
	定位气缸	设备 0_ 读写 M0855	3	
	推料气缸 A	设备 0_ 读写 M0856	3	
	推料气缸 B	设备 0_ 读写 M0857	3	
	电动机反转	设备 0_ 读写 M0858	3	
	电动机中速	设备 0_ 读写 M0859	3	
合计			100	

任务评价

对任务的实施情况进行评价,评分内容及结果见表 6–21。

表 6–21 任务 6-4 评分内容及结果

_____学年			任务形式 □个人 □小组分工 □小组	工作时间 _____min	
任务名称	内容分值		评分标准	学生 自评	教师 评分
颗粒上料单元人机界面的设计与测试	型号选择 (5 分)	任务步骤及电路图样 (5 分)	PLC 和触摸屏型号选择是否正确		
	电路连接 (15 分)	正确完成 PLC 与触摸屏之间的通信连接 (15 分)	PLC 与触摸屏是否可以正确连接,通信参数是否设置正确		
	画面的绘制 (30 分)	按要求完成组态画面 (30 分)	能否按照要求绘制画面,少绘或错绘一个扣 2 分,扣完为止		
	功能测试 (40 分)	手动功能测试 (20 分)	表 6–20 得分 × 20% 为该项得分		
		单元功能运行 (20 分)	(1)空瓶输送线不能按功能要求流畅运行,每处扣 2 分; (2)主传送带不能按功能要求流畅运行,每处扣 2 分; (3)循环选料机构不能按功能要求流畅运行,每处扣 2 分;		

任务名称	内容分值		评分标准	学生自评	教师评分
颗粒上料单元人机界面的设计与测试	功能测试（40分）	单元功能运行（20分）	（4）物料填空装置不能按功能要求流畅运行,每处扣2分		
	安全文明生产（10分）	劳动保护用品穿戴整齐;遵守操作规程;讲文明礼貌;操作结束要清理现场（10分）	（1）操作中,违反安全文明生产考核要求的任何一项扣5分,扣完为止;（2）当发现有重大事故隐患时,须立即予以制止,并每次扣安全文明生产总分5分;（3）穿戴不整洁,扣2分;设备不会还原,扣5分;现场不清理,扣5分		
合计					

学生:————— 老师:————— 日期:—————

任务拓展

利用标签建立文字并为标签建立脚本,使标签的位置根据时间或数据的变化发生偏移;要求在界面上循环显示"颗粒上料单元",循环时间 14 s。

利用设置权限管理功能,设置"技术员"和"负责人"。只有当选择"负责人",输入正确的密码进入界面时,才能对设备进行操作及调试,避免了非专业操作人员对设备的错误使用。

在运行期间,任意按下停止按钮,程序在当前状态停止,待停止按钮复位后,程序才能从当前位置继续执行;在人机界面上实时地显示从系统启动至装满一盒物料(4 瓶)入库后所需要的时间。

任务 6-5　颗粒上料单元故障诊断与排除

任务描述

颗粒上料单元采用型号为 H2U-3624MR-XP 的 PLC,循环传送带由三菱变频器 D700 驱动的三相电动机带动,上料传送带和主传送带由 24 V 直流电动机驱动。由于设备刚组装完成,存在故障,现需要对该设备进行故障诊断与排除,并对设备进行调试,使其运行顺畅,满足控制功能的要求。根据故障现象,准确分析故障原因及部位,排除故障,并记录排除故障的操作步骤。

任务实施

颗粒上料单元在组装过程中,由于材料原因或者操作有误,会产生故障,亦或在长期使用过程中,难免也会出现故障。故障大致分为机械故障、气路故障和电路故障,简单的机械故障和气路故障通过观察就能够确定,然后通过调整或者更换元器件即可排除故障。而电路故障一般比较复杂,通常需要用仪表来测量,以下只讨论电路故障。

电路故障即电路出现了异常状况。对于一个复杂的系统来说,要在大量的电气元件和线路中迅速、准确地找出故障是不容易的。分析和处理故障的过程就是从故障现象出发,通过测试,作出分析判断,逐步找出故障的过程。查找故障的方法有很多,下面介绍几种常用的方法。

1. 直观检查法

直观检查法是指不用任何仪器仪表,利用人的视觉、听觉、嗅觉和触觉来查找故障的方法。直观检查包括不通电检查和通电观察。

(1)不通电检查

检查各元器件的外观是否良好,有无烧焦或裂痕;导线有无断线或者绝缘损坏;电源电压的极性是否接反;继电器线圈或常开常闭触点是否错接;各接线端子是否接触正常。

(2)通电检查

看:通电后是否有打火、冒烟现象;听:通电后是否有异响;闻:通电后有无焦糊等异味出现;一旦发现有异常时,应立即断电。

2. 电阻法

在断电条件下,根据电路原理图,用万用表电阻挡测量电路电阻,以发现故障部位或者故障元件。如果电路是通路或者是等电位点,电阻值应该是 $0\ \Omega$,反之,电阻值是无穷大。一般用于检查电路中连线是否正确;电气元件各端子是否虚连。

3. 电压法

在设备通电状态下,用万用表直流电压挡或者交流电压挡,根据电路原理图检查各相应点的对地直流电压值或者交流电压值。

测量电压时,注意选择电压表量程时要大于预估的电压值。在检查交流电压时要注意安全,不要触碰金属导体,以避免触电。

4. 故障示例

按下启动按钮后,循环选料机构传送带不动。故障分析流程如图 6-28 所示。

观察故障现象,分析故障原因,编写故障分析流程,填写排除故障 1 ~ 故障 3 操作记录卡,见表 6-22 ~ 表 6-24。

视频:电压法检测

视频:颗粒上料单元故障示例

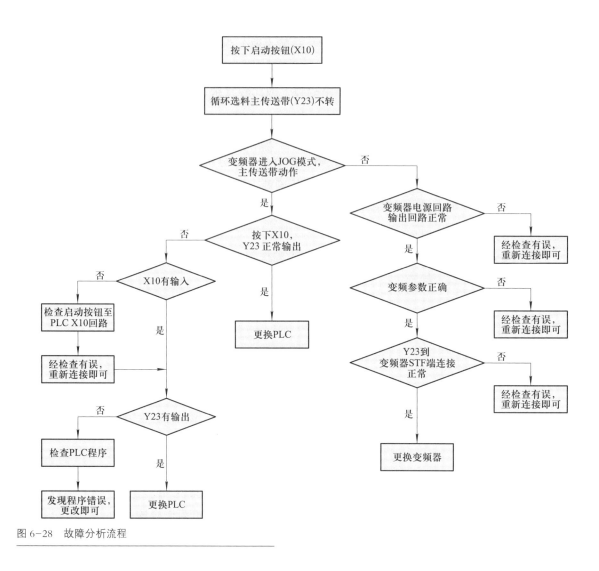

图 6-28　故障分析流程

表 6-22　排除故障 1 操作记录卡

故障现象	按下启动按钮后,循环选料机构传送带不动
故障分析	
故障排除	

表 6-23　排除故障 2 操作记录卡

故障现象	物料瓶运行到装料位置后,定位气缸不动
故障分析	
故障排除	

表 6-24　排除故障 3 操作记录卡

故障现象	物料到达装料位置后,物料填装机构不动
故障分析	
故障排除	

任务评价

自行设置 5 个故障,对任务的实施情况进行评价,评分内容及结果见表 6-25。

表 6-25　任务 6-5 评分内容及结果

_____学年			任务形式 □个人　□小组分工　□小组	工作时间 _____min	
任务名称	内容分值		评分标准	学生 自评	教师 评分
颗粒上料单元故障诊断与排除	故障记录 (15 分)	每个故障现象描述记录准确 (5 分)	每缺少 1 个或错误一个扣 1 分,扣完为止		
		故障原因分析正确 (5 分)	错误或未查找出故障原因等,每次扣 1 分,扣完为止		
		故障排除合理 (5 分)	排除故障步骤不合理或者错误等,每次扣 1 分,扣完为止		
	功能测试 (75 分)	单机复位控制 (15 分)	上电,系统处于复位状态下。启动和停止指示灯灭,该单元复位,复位过程中,复位指示灯闪亮,所有机构回到初始位置,复位完成后,复位指示灯常亮(运行状态下按复位按钮无效)。指示灯状态不正确,每处扣 3 分,扣完为止		
		单元自动运行 (50 分)	(1)在复位就绪状态下,按下启动按钮,单元启动,启动指示灯亮,停止和复位指示灯灭(停止或复位未完成状态下,按启动按钮无效)。满分为 5 分,指示灯状态不正确,每处扣 1 分,扣完为止 (2)推料气缸 A、B 相继将物料推出,不正确 5 分扣完; (3)循环传送带启动且高速运行,变频器以 45 Hz 频率输出。频率不正确扣 5 分; (4)当循环传送带机构上的颜色确认检测传感器检测到有白色物料通过时,变频器反转,并以 20 Hz 频率输出;如果超过 10 s,仍没有检测到白色物料通过,则重新开始第(2)步。未按照功能执行,扣 7 分; (5)当白色物料到达取料位后,颗粒到位检测传感器动作,循环传送带停止,传送带未停止,扣 5 分; (6)在第(2)步开始的同时,上料传送带与主传送带同时启动,当物料瓶上料检测传感器检测到空瓶时,上料传送带停止;未正确停止,扣 5 分; (7)空瓶到达填装位时,主传送带停止,填装定位气缸伸出,将空瓶固定,填装机构下降,吸盘打开,吸住物料。填装机构上升,转向装料位,		

任务	内容分值	评分标准	学生自评	教师评分
颗粒上料单元故障诊断与排除	功能测试（75分） 单元自动运行（50分）	将物料顺利放入瓶子,无任何碰撞现象,放完上升,转向取料位置。动作顺序不正确,扣8分; （8）当瓶子装满3颗物料后,进入第（8）步; 否则重新开始第（3）步。未完成功能,扣5分; （9）定位气缸缩回,主传送带启动,将瓶子输送到下一工位,上料传送带启动运行,继续将空瓶输送到主传送带,循环进入第（5）步。功能不正常,扣5分		
	单机停止控制（10分）	在任何启动运行状态下,按下停止按钮,该单元立即停止,所有机构不工作,停止指示灯亮,启动和复位指示灯灭。停止不正确,每处扣2分,扣完为止		
	安全文明生产（10分） 劳动保护用品穿戴整齐;遵守操作规程;讲文明礼貌;操作结束要清理现场（10分）	（1）操作中,违反安全文明生产考核要求的任何一项扣5分,扣完为止; （2）当发现有重大事故隐患时,须立即予以制止,并每次扣安全文明生产总分5分; （3）穿戴不整洁,扣2分;设备不会还原,扣5分;现场不清理,扣5分		
合计				

学生:_____   老师:_____   日期:_____

任务拓展

颗粒上料单元常见故障见表6-26中,根据表6-26设置的故障,编写故障分析流程,独立排除故障。

表6-26　颗粒上料单元常见故障

序号	故障现象	故障分析	故障排除
1	设备不能正常上电		
2	按钮板指示灯不亮		
3	PLC报警		
4	PLC提示"参数错误"		
5	PLC输出点没有动作		
6	传送带不转		
7	传送带反转		
8	气缸不动作		
9	变频器无动作		
10	变频器报警		
11	三相电动机不能正常运行		

任务 7　加盖拧盖单元的安装、编程、调试与维护

SX-815Q 机电一体化综合实训设备的加盖拧盖单元用型号为 H2U-1616MR-XP 的 PLC 实现电气控制,加盖拧盖单元如图 7-1 所示。完成如下操作:

（1）本单元控制挂板及桌面机构的安装,以及传送带、加盖机构、拧盖机构的机械安装;

（2）根据电气原理图和气路图,完成加盖拧盖单元的电路和气路连接;

（3）按照单元功能,物料瓶被输送到加盖拧盖单元的加盖机构下方,加盖定位机构将物料瓶固定,加盖机构启动加盖流程,将盖子(白色或蓝色)加到物料瓶上,加上盖子的物料瓶继续被送往拧盖机构,到拧盖机构下方,拧盖定位机构将物料瓶固定,拧盖机构启动,将瓶盖拧紧;

（4）利用人机界面设计本单元的手动、自动、单周期的运行功能,并能实时地进行控制和状态显示;

（5）对安装中出现的设备故障进行查找及排除,并对设备进行调试,使其运行顺畅,满足控制功能的要求,同时根据故障现象,准确分析故障原因及部位,排除故障,并将排除的操作步骤进行记录。

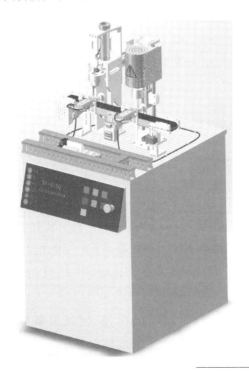

动画:加盖拧盖单元运行

图 7-1　加盖、拧盖单元

任务 7-1　加盖拧盖单元机械结构件的组装与调整

✎ 任务描述

加盖拧盖单元桌面未安装,无法实现对物料瓶的加盖和拧盖,通过对传送带、加盖机构、拧盖机构的组装与调整,将其合理地安装在本单元的相应位置上。

🗁 任务实施

1. 直线轴承

直线轴承是一种精度高、成本低、摩擦阻力小的直线运动系统。直线轴承是和导向轴组合使用的,利用钢球的滚动运动实现无限直线运动的系统。

由于承载球与轴呈点接触,故使用载荷小。钢球以极小的摩擦阻力旋转,从而能获得高精度的平稳运动。

（1）结构

直线轴承结构示意图如图 7-2 所示,一般由导向轴、钢球保持架、外壳、滚珠和密封垫组成。

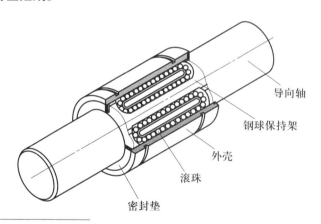

图 7-2　直线轴承结构示意图

（2）工作原理

直线轴承是在外壳内装有钢球保持架,保持架装有多个滚珠,滚珠作无限循环运动。保持架的两端以密封垫挡圈固定,在滚珠受力的直线轨道方向上设有缺口窗,此部分是使承受载荷的滚珠与导向轴作滚动接触,以非常低的摩擦系数相对移动。

直线球轴承是机械设备、自动化设备、节能设备等最为合适选用的轴承。SX-815Q 机电一体化综合实训考核设备中的加盖拧盖单元使用的是 LMH16UU 型直线轴承,如图 7-3 所示。

图 7-3　LMH16UU 型直线轴承

（3）分类

直线轴承根据结构可分为标准型、间隙型、开口型三种。

① 标准型直线轴承。外形面是高精度的圆柱面，并与直线轴承有较高的同轴度，可直接安装在轴承内使用，两端用挡圈或压盖固定，安装简单、方便，应用范围广。

② 间隙型直线轴承。与标准型尺寸相同，由于外套开有轴向槽，因此可装在内径可调的轴承座上，这样就很容易调整轴承与轴的间隙。这种形式的轴承通过调整可获得很小的径向间隙，从而保证了轴承具有较高的径向工作进度。

③ 开口型直线轴承。外圈有一个相当于一列滚珠回路宽度的开口，这种轴承可用于轴已经固定在支撑杆或支座上，以防止轴弯曲的场合。此种轴承的间隙也容易调整。当直线轴承较长且负荷较小时，采用开口型轴承既解决了直线轴承容易弯曲的问题，又可使结构轻巧，紧凑且节约成本。

（4）直线轴承安装

① 在安装直线轴承之前，应先清除机械安装面的毛边、污物及表面伤痕。直线轴承涂有防锈油，安装前用清洗油将基准面洗净后再安装，通常基准面清除防锈油后易生锈，建议用润滑油涂抹黏度较低的主轴。

② 将直线轴承轻轻安放在床台上，使用侧向固定螺钉或其他固定工具使线轨与侧向安装面轻轻贴合。安装使用前要确认螺钉孔是否吻合，假设底座加盖拧盖孔不吻合又强行锁紧螺钉，会大大影响组合精度与使用效果。

③ 由中央向两侧按顺序将直线轴承的定位螺钉旋紧，使轨道与垂直安装面贴合，由中央位置开始向两端逼紧可以得到较稳定的精度。垂直基准面稍旋紧后，加强侧向基准面的锁紧力，使直线轴承能够切实贴合侧向基准面。

④ 依照各种材质，使用扭力扳手将螺钉一一锁紧，将直线轴承滑轨的定位螺钉慢慢旋紧。

⑤ 使用相同安装方式安装副轨,且个别安装滑座至主轨与副轨上。注意,滑座安装上线性轴承滑轨后,后续许多附件由于受安装空间所限无法安装,因此此阶段应将所需附件一并安装。

⑥ 轻轻安放移动平台到直线轴承主轨与副轨的滑座上,然后锁紧移动平台上的侧向逼紧螺钉,定位安装即可完成。

安装注意事项:

① 将导向轴插入直线轴承时,应对准中心并慢慢插入,否则会导致滚珠脱落或者保持器变形。

② 直线轴承在结构上不适合旋转运动,如果强行旋转,可能导致意想不到的事故,应需注意。

③ 直线轴承不适合反复插拔。

2. 直流齿轮减速电动机

(1)直流减速电动机工作原理

直流减速电动机即齿轮减速电动机,如图7-4所示。在普通直流电动机的基础上,配套齿轮减速箱,齿轮减速箱的作用是提供较低的转速、较大的力矩。同时,齿轮减速箱不同的减速比可以提供不同的转速和力矩,提高了直流电动机在自动化中的使用率。通常由专业的减速机生产厂集成组装好后成套供货。减速电动机广泛应用于钢铁、机械等行业。使用减速电动机的优点是简化设计、节省空间。

直流减速电动机的主要作用是连接设备,降低转速、惯性,提供扭矩的机械装置。直流减速电动机一般是把高速运转的直流电动机的动力通过电动机输入轴上齿数少的小齿轮啮合输出轴上齿数多的大齿轮来达到减速的目的。

(2)直流减速电动机特点

① 节省空间,可靠、耐用,承受过载能力高,功率可定制。

② 能耗低,性能优越,减速机效率高达95%以上。

③ 振动小,噪声低,节能高,材料选用优质碳素结构段钢,箱体材料为铸铁,齿轮表面经过高频感应加热淬火热处理。

3. 加盖拧盖单元的安装

SX-815Q型机电一体化实训设备中的加盖拧盖单元机械结构构件主要有传送带、加盖装置和拧盖装置三个部分。传送带的组装已在前面

图7-4 直流减速电动机

介绍。下面主要介绍加盖装置和拧盖装置的组装。

（1）加盖装置的安装

加盖装置的作用是自动为物料瓶加上瓶盖,包括一个单出双轴气缸和一个单出柱状气缸,加盖装置整体结构如图7-5所示,零件构成如图7-6所示。在安装时要求正确选择工具,安装步骤正确,不要返工,安装牢靠紧实,符合安装操作的规定。

动画:加盖装置安装过程

视频:加盖装置安装示范

文本:加盖装置安装步骤

图7-5 加盖装置整体结构

图7-6 加盖装置零件构成

（2）拧盖装置的安装

拧盖装置的作用是将物料瓶上所加的瓶盖拧紧,在拧盖装置中用到直线轴承和直流减速电动机,拧盖装置整体结构如图7-7所示,零件构成如图7-8所示。在安装时要求正确选择工具,安装步骤正确,不要返工,安装牢靠紧实,符合安装操作的规定。

（3）加盖拧盖传送带的安装

加盖拧盖传送带上装有2个定位光纤和2个机械定位气缸,其整体结构如图7-9所示,零件构成如图7-10所示。工作时,当完成填料的物料瓶到达加盖位置,由加盖装置落下瓶盖,再到达拧盖位置,由拧盖装置将瓶盖拧紧后向下一单元输送。在安装时要求正确选择工具,安装步骤正确,不要返工,安装牢靠紧实,符合安装操作的规定。

4. 桌面布局

将组装好的加盖装置和拧盖装置以及传送带按照合适的位置安装到型材板上,组成加盖拧盖单元的机械结构,桌面布局如图7-11所示。

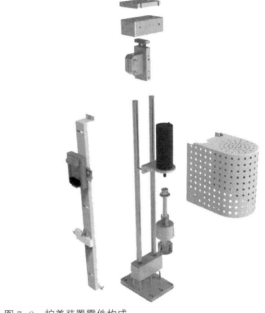

图 7-7　拧盖装置整体结构

图 7-8　拧盖装置零件构成

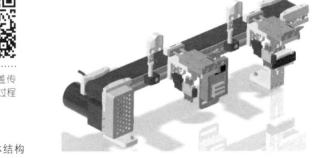

图 7-9　加盖拧盖传送带整体结构

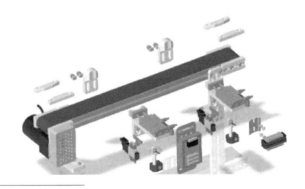

图 7-10　加盖拧盖传送带零件构成

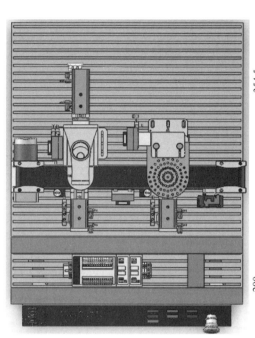

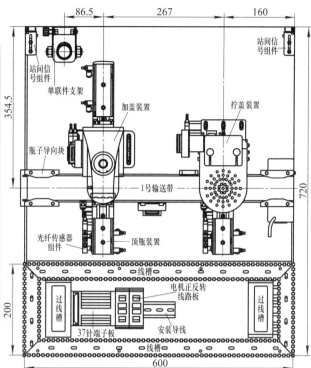

图 7-11　加盖拧盖单元机械结构桌面布局

动画:加盖拧盖单元
整体安装与调试

任务评价

对本任务的实施情况进行评价,评分的内容及结果见表 7-1。

表 7-1　任务 7-1 评分内容及结果

学年			任务形式 □个人　□小组分工　□小组	工作时间 _____min	
任务名称	内容分值		评分标准	学生 自评	教师 评分
加盖拧盖 单元机械 结构件的 组装与调整	加盖装置安装 (35 分)	支架安装正确 (15 分)	(1)螺钉安装不牢固,每个扣 1 分,扣完 为止; (2)气缸安装不牢固,扣 5 分		
		关电开关安装 牢固可靠 (10 分)	(1)关电开关太松或太紧,扣 6 分; (2)传感器安装板错误,扣 4 分		

任务名称	内容分值		评分标准	学生自评	教师评分
加盖拧盖单元机械结构件的组装与调整	加盖装置安装（35分）	安装顺序正确（10分）	不按顺序安装，返工每次扣5分		
	拧盖装置安装（35分）	支架安装正确（15分）	（1）螺钉安装不牢固，每个扣1分，扣完为止；（2）气缸安装不牢固，扣5分		
		关电开关安装牢固可靠（10分）	（1）关电开关太松或太紧，扣6分；（2）传感器安装板错误，扣4分		
		安装顺序正确（10分）	不按顺序安装，返工每次扣5分		
	传送带安装（20分）	装置安装牢固（10分）	螺钉安装不牢固，每个扣1分，扣完为止		
		安装顺序正确（10分）	不按顺序安装，返工每次扣5分		
	安全文明生产（10分）	劳动保护用品穿戴整齐；遵守操作规程；讲文明礼貌；操作结束要清理现场（10分）	（1）操作中，违反安全文明生产考核要求的任何一项扣5分，扣完为止；（2）当发现有重大事故隐患时，须立即予以制止，并每次扣安全文明生产总分5分；（3）穿戴不整洁，扣2分；设备不会还原，扣5分；现场不清理，扣5分		
合计					

学生：_____ 老师：_____ 日期：_____

任务拓展

拆盖机构主要由齿轮、直线滑轨、导向块、缓冲组件等各个配件等组成。拆盖机构如图7-12所示，零件构成如图7-13所示。在安装时要求正确选择工具，安装步骤正确，不要返工，安装牢靠紧实，符合安装操作的规定。

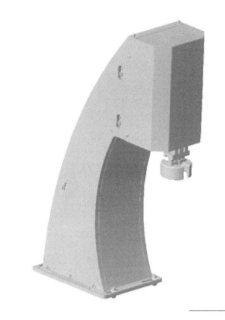

图 7-12 拆盖机构

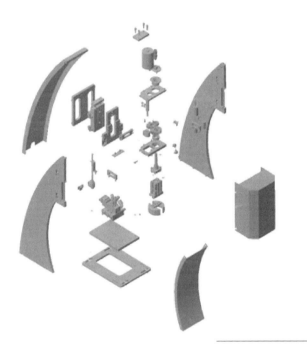

视频：自动贴标线

图 7-13 拆盖机构零件构成

任务 7-2　加盖拧盖单元电路与气路的连接及操作

✎ 任务描述

　　根据 SX-815Q 机电一体化综合实训设备的加盖拧盖单元的电气原理图、气路图、配电控制盘电气元件布局,完成桌面上所有与 PLC 输入、输出有关的执行元件的电气连接和气路连接,确保各气缸运行顺畅、平稳和电气元件的功能实现。

任务实施

1. 电气原理图的设计

加盖拧盖单元电气原理图如图 7-14 所示。

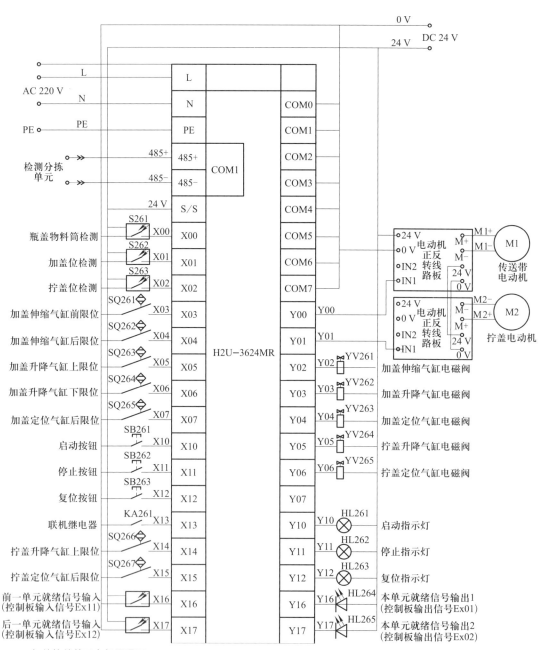

图 7-14　加盖拧盖单元电气原理图

2. 电气元件布局的设计

实施电路接线前,应先固定各电气元件。电气元件布局要合理,固定牢靠,配电控制盘上的各电气元件安装布局与颗粒上料单元相似,配电控制盘电气元件布局如图 7-15 所示,配电控制盘用槽板分为三个部分,下部左侧主要是漏电保护器和熔断器,下部右侧是 PLC;中部是 24 V 直流电源;上部为接线端子。电气元件安装方式与颗粒上料单元相同。

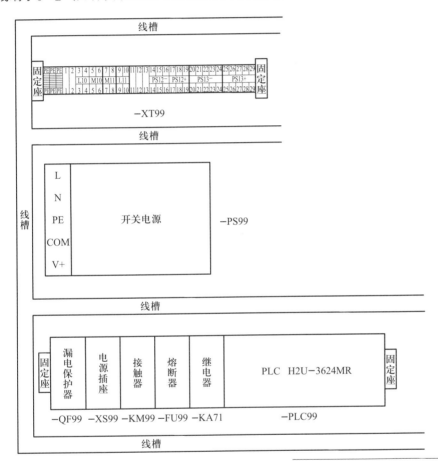

图 7-15 配电控制盘
电气元件布局

3. 气路设计

设备中各单元的气路采用并联模式,空气压缩机气路通过 T 型三通连接到各单元的气动三联件中。每个单元可以自行调节各自的气压,气动三联件将气通过三通接出多条气路,最终连接到单元中各个电磁转换阀中。再由电磁转换阀将气连接到气缸两端。

气路安装前需仔细阅读气路图,将气路的走向、使用的元器件的数量及位置一一记录。气路安装时要依从安全、美观及节省材料的原则来实施,加盖拧盖单元气路图原理如图 7-16 所示。

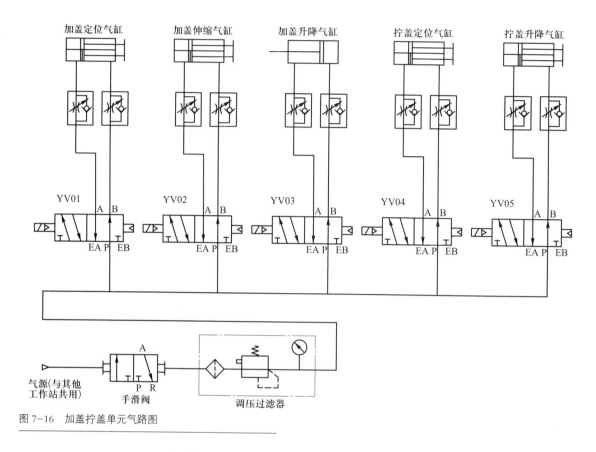

图 7-16 加盖拧盖单元气路图

4. 安装实施

（1）挂板电气元件的安装

挂板电气元件安装与颗粒上料单元类似，见表 6-4。

（2）电路连接

加盖拧盖单元中电路接线可分为 PLC 电路、按钮板接线电路、挂板接线电路、机械模型接线电路四个部分。各部分通过接头线缆相互连接。

① 端子板的连接。将所有的外部信号连接到 15 针端子板上，先通过 15 针端子板连接到桌面 37 针端子板 CN310 端子上，再通过通信电缆连接到装置下方的电气线路控制板的端子排上，然后连接至 PLC 的 I/O 端，完成 I/O 信号的传递，端子板连接示意如图 7-17 所示。

桌面 37 针端子板 CN310 端子分配见表 7-2，加盖拧盖单元（15 针端子板）端子分配见表 7-3。

② 输入、输出元件的连接。输入、输出元件的连接方法与颗粒上料单元类似。其中，磁性开关与 PLC 的连接步骤见表 6-7，光纤传感器与 PLC 的连接步骤见表 6-8，PLC 与直流电动机的连接步骤见表 6-9，PLC 与电磁阀的连接步骤见表 6-10。

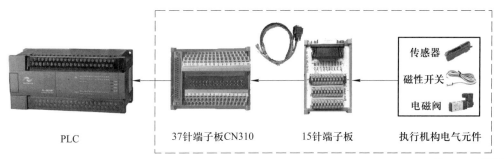

PLC　　　　37针端子板CN310　　　15针端子板　　　执行机构电气元件

图 7-17　端子板连接示意

表 7-2　桌面 37 针端子板 CN310 端子分配

端子板 CN310 地址	线号	功能描述
XT3-0	X00	瓶盖料筒检测传感器
XT3-1	X01	加盖位检测传感器
XT3-2	X02	拧盖位检测传感器
XT3-3	X03	加盖伸缩气缸前限位
XT3-4	X04	加盖伸缩气缸后限位
XT3-5	X05	加盖升降气缸上限位
XT3-6	X06	加盖升降气缸下限位
XT3-7	X07	加盖定位气缸后限位
XT3-12	X14	拧盖升降气缸上限位
XT3-13	X15	拧盖定位气缸后限位
XT2-0	Y00	传送带电动机启停
XT2-1	Y01	拧盖电动机启停
XT2-2	Y02	加盖伸缩气缸电磁阀
XT2-3	Y03	加盖升降气缸电磁阀
XT2-4	Y04	加盖定位气缸电磁阀
XT2-5	Y05	拧盖升降气缸电磁阀
XT2-6	Y06	拧盖定位气缸电磁阀
XT1/XT4	PS13+（+24 V）	24 V 电源正极
XT5	PS13-（0 V）	24 V 电源负极

表 7-3 加盖拧盖单元(15 针端子板)端子分配

地址		线号	功能描述
端子板 CN300 （加盖模块）	XT3-0	X00	瓶盖料筒检测传感器
	XT3-1	X03	加盖伸缩气缸前限位
	XT3-2	X04	加盖伸缩气缸后限位
	XT3-3	X05	加盖升降气缸上限位
	XT3-4	X06	加盖升降气缸下限位
	XT3-5	Y02	加盖伸缩气缸电磁阀
	XT3-6	Y03	加盖升降气缸电磁阀
	XT2	PS13+（+24 V）	24 V 电源正极
	XT1	PS13-（0 V）	24 V 电源负极
端子板 CN301 （传送带模块）	XT3-0	X01	加盖位检测传感器
	XT3-1	X02	拧盖位检测传感器
	XT3-2	X07	加盖定位气缸后限位
	XT3-3	X15	拧盖定位气缸后限位
	XT3-5	Y04	加盖定位气缸电磁阀
	XT3-6	Y06	拧盖定位气缸电磁阀
	XT2	PS13+（+24 V）	24 V 电源正极
	XT1	PS13-（0 V）	24 V 电源负极
端子板 CN302 （拧盖模块）	XT3-0	X14	拧盖升降气缸上限位
	XT3-5	Y05	拧盖升降气缸电磁阀
	XT2	PS13+（+24 V）	24 V 电源正极
	XT1	PS13-（0 V）	24 V 电源负极

（3）气路的连接

气路的连接与颗粒上料单元类似,电磁阀与定位气缸气路连接步骤、图示及说明见表 6-12。

ⓘ **任务评价**

对任务的实施情况进行评价,评分内容及结果见表 7-4。

表 7-4 任务 7-2 评分内容及结果

_____ 学年			任务形式 □个人 □小组分工 □小组	工作时间 _____ min	
任务名称	内容分值		评分标准	学生 自评	教师 评分
加盖拧盖 单元电路与 气路的连接 及操作	元件固定 (10分)	元件固定牢靠 (10分)	元件固定不牢靠,每个扣 5 分,扣完为止		
	PLC 控制 电动机功能 (15分)	传送带电动机 运行正常;加盖 装置运行正常; 拧盖装置运行正常 (15分)	(1)主传送带电动机不能运行,扣 5 分; (2)加盖装置运行不正常,扣 5 分; (3)拧盖装置运行不正常,扣 5 分		
	导线安装 (10分)	接线端子安装正确 (10分)	(1)接线端子安装位置错误,每处扣 2 分,扣 完为止; (2)接线端子安装不紧固,每处扣 1 分,扣完 为止		
	线槽固定 (10分)	线槽安装牢靠, 导线出线槽整齐 (10分)	(1)线槽安装不结实,每处扣 3 分,扣完 为止; (2)导线出线槽不整齐,每处扣 3 分,扣完 为止		
	导线压针形 端子 (10分)	针形端子压接 牢固;导线长短 合适;针形端子 大小合适 (10分)	(1)针形端子压接不紧,每个扣 2 分; (2)导线漏铜,每处扣 1 分; (3)针形端子大小不合适,每个扣 1 分		
	导线穿线号 (10分)	导线两端穿上 相同线号 (10分)	导线不穿线号,每处扣 1 分,扣完为止		

续表

任务名称	内容分值		评分标准	学生自评	教师评分
加盖拧盖单元电路与气路的连接及操作	气管连接（15分）	气管连接正确（15分）	（1）气管连接错误，每处扣5分； （2）气管连接漏气，每处扣3分		
	气管固定（10分）	马蹄形固定座安装牢靠；气管绑扎松紧合适（10分）	（1）马蹄形固定座安装不牢靠，每个扣2分，扣完为止； （2）气管绑扎太松或太紧，每个扣2分，扣完为止		
	安全文明生产（10分）	劳动保护用品穿戴整齐，遵守操作规程；讲文明礼貌；操作结束要清理现场（10分）	（1）操作中，违反安全文明生产考核要求的任何一项扣5分，扣完为止； （2）当发现有重大事故隐患时，须立即予以制止，并每次扣安全文明生产总分5分； （3）穿戴不整洁，扣2分；设备不会还原，扣5分；现场不清理，扣5分		
合计					

学生：_____ 老师：_____ 日期：_____

任务拓展

根据加盖机构，进行拆盖练习。拆盖中的拆盖光纤传感器（拧盖不合格信号）、瓶盖夹紧检测信号，以及拆盖电动机输出、双轴气缸上升电磁阀、双轴气缸下降电磁阀、拆盖手爪夹紧电磁阀相关信号，共多出了"2输入，4输出"的信号，桌面37针端子板CN310新增端子分配见表7-5，加盖拧盖单元拆盖模块（15针端子板）端子分配见表7-6，按表7-5、表7-6的顺序正确连接拆盖的信号。

表7-5 桌面37针端子板CN310新增端子分配

端子板CN310地址	线号	功能描述
XT3-14	X16	拆盖光纤传感器
XT3-15	X17	瓶盖夹紧检测
XT2-12	Y13	拆盖电动机输出
XT2-13	Y14	双轴气缸上升电磁阀
XT2-14	Y15	双轴气缸下降电磁阀
XT2-15	Y16	拆盖手爪夹紧电磁阀

表 7-6　加盖拧盖单元拆盖模块（15 针端子板）端子分配

地址	线号	功能描述
XT3-0	X16	拆盖光纤传感器
XT3-1	X17	瓶盖夹紧检测
XT3-2	Y13	拆盖电动机输出
XT3-3	Y14	双轴气缸上升电磁阀
XT3-4	Y15	双轴气缸下降电磁阀
XT3-5	Y16	拆盖手爪夹紧电磁阀
XT2	PS13+（+24 V）	24 V 电源正极
XT1	PS13-（0 V）	24 V 电源负极

（端子板 CN303 新增拆盖模块）

任务 7-3　加盖拧盖单元功能的编程与调试

✎ 任务描述

物料瓶被输送到加盖拧盖单元的加盖机构下方,加盖定位机构将物料瓶固定,加盖机构启动加盖流程,将盖子（白色或蓝色）加到物料瓶上,加上盖子的物料瓶继续被输送到拧盖机构下方,拧盖定位机构将物料瓶固定,拧盖机构启动,将瓶盖拧紧。

🗀 任务实施

1. 任务要求

初始位置:主传送带停止、加盖定位气缸缩回、加盖伸缩气缸缩回、加盖升降气缸缩回、拧盖定位气缸缩回、拧盖电动机停止、拧盖升降气缸缩回,气源二联件压力表调节到 0.4 ～ 0.5 MPa。

控制流程如下:

① 上电,系统处于停止状态下。停止指示灯亮,启动和复位指示灯灭。

② 在停止状态下,按下复位按钮,该单元复位,复位过程中,复位指示灯闪亮,所有机构回到初始位置。复位完成后,复位指示灯常亮,启动和停止指示灯灭。运行或复位状态下,按启动按钮无效。

③ 在复位就绪状态下,按下启动按钮,单元启动,启动指示灯亮,停止和复位指示灯灭。

④ 将无盖物料瓶手动放置到该单元起始端。

动画:加盖拧盖单元运行

⑤ 当加盖位检测传感器检测到有物料瓶,并等待物料瓶运行到加盖机构下方时停止。

⑥ 加盖定位气缸推出,将物料瓶准确固定。

⑦ 如果加盖机构内无瓶盖,即瓶盖料筒检测传感器不得电,加盖机构不动作:

a. 红色停止指示灯闪亮 (f =1 Hz);

b. 手动将盖子放入后,瓶盖料筒检测传感器感应到瓶盖,红色停止指示灯灭;

c. 加盖机构开始运行,继续第⑧步动作。

⑧ 如果加盖机构有瓶盖,即瓶盖料筒检测传感器得电,加盖伸缩气缸推出,将瓶盖推到落料口。

⑨ 加盖升降气缸伸出,将瓶盖压下。

⑩ 瓶盖准确落在物料瓶上,无偏斜。

⑪ 加盖伸缩气缸缩回。

⑫ 加盖升降气缸缩回。

⑬ 加盖定位气缸缩回。

⑭ 主传送带启动。

⑮ 当拧盖位检测传感器检测到有物料瓶,并等待物料瓶运行到拧盖工位下方时,传送带停止。

⑯ 拧盖定位气缸推出,将物料瓶准确固定。

⑰ 拧盖电动机开始旋转。

⑱ 拧盖升降气缸下降。

⑲ 瓶盖完全被拧紧。

⑳ 拧盖电动机停止运行。

㉑ 拧盖升降气缸缩回。

㉒ 主传送带启动。

㉓ 当物料瓶输送到主传送带末端后,人工拿走物料瓶。重复第④ ~ ㉓步,直到 4 个物料瓶与 4 个瓶盖用完为止。

㉔ 在任何启动运行状态下,按下停止按钮,该单元停止工作,停止指示灯亮,启动和复位指示灯灭。

2. 程序控制流程

加盖拧盖单元在上电后,首先检测该单元是否在初始状态,如果不在则各执行机构复位,待机构复位完成后复位灯常亮,此时表示可以进入运行状态。按下启动按钮,则传送带运行,执行加盖、拧盖动作,在运行过程中按下停止按钮,则需等待拧盖完成后返回初始状态,等待下次启动。加盖拧盖单元程序控制流程如图 7-18 所示。

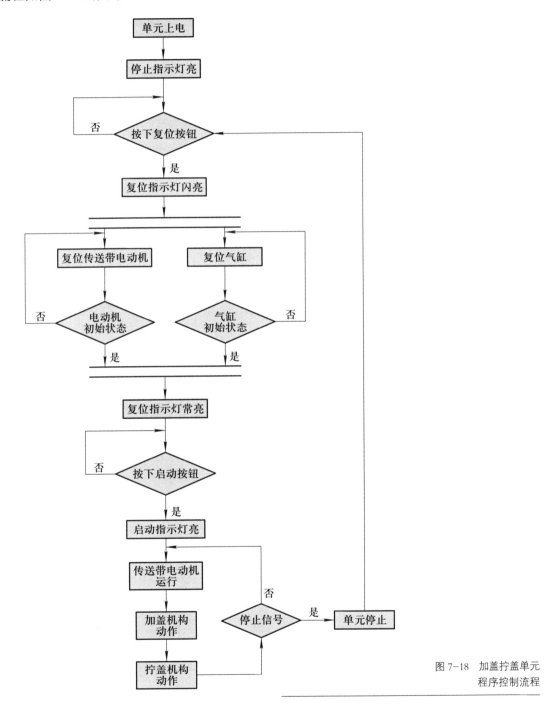

图 7-18 加盖拧盖单元
程序控制流程

3. I/O 地址功能分配

I/O 地址功能分配见表 7-7。

表 7-7　I/O 地址功能分配

序号	名称	功能描述
1	X00	瓶盖料筒传感器
2	X01	加盖位检测传感器（漫反射光电开关）
3	X02	拧盖位检测传感器（漫反射光电开关）
4	X03	加盖伸缩气缸前限位（磁性开关）
5	X04	加盖伸缩气缸后限位（磁性开关）
6	X05	加盖升降气缸上限位（磁性开关）
7	X06	加盖升降气缸下限位（磁性开关）
8	X07	加盖定位气缸后限位（磁性开关）
9	X10	启动按钮
10	X11	停止按钮
11	X12	复位按钮
12	X13	联机按钮
13	X14	拧盖升降气缸上限（磁性开关）
14	X15	拧盖定位气缸后限（磁性开关）
15	X16	前一单元就绪信号输入，X16 闭合
16	X17	后一单元就绪信号输入，X17 闭合
17	Y00	加盖拧盖皮带
18	Y01	拧盖电动机
19	Y02	加盖伸缩气缸电磁阀
20	Y03	加盖升降气缸电磁阀
21	Y04	加盖定位气缸电磁阀
22	Y05	拧盖升降气缸电磁阀
23	Y06	拧盖定位气缸电磁阀
24	Y10	启动指示灯
25	Y11	停止指示灯
26	Y12	复位指示灯

4. 编程要点

本单元的主要任务是添加及拧紧瓶盖，在调试前先检查设备的初始状态，确定系统准备就绪。

视频：加盖拧盖单元 PLC 编程

（1）启动程序

将无盖物料瓶手动放置到加盖拧盖单元起始端，按下启动按钮，进入运行状态，分别调用传送带机构子程序、加盖机构子程序、拧盖机构子程序，启动程序如图 7-19 所示。

图 7-19　启动程序

（2）停止程序

在系统运行时，随时按下停止按钮，检测停止子程序的功能。若按下停止按钮，则系统应立即停止，停止程序如图 7-20 所示。

```
 X011     X013
─┤├──────┤/├─────────────────────[SET    Y011 ]
停止按钮  测试按钮                        停止指示

              ├──────────────[ZRST   M0    M1  ]
              │                      复位中  复位完成

              ├──────────────────[SET    Y010 ]
              │                          启动指示

              └──────────────────[SET    Y012 ]
                                        复位指示

 Y011
─┤├──────────────────────────────[CALL   P3  ]
停止指示                                  停止
```

图 7-20　停止程序

（3）复位程序

PLC 上电或者按下控制面板上的复位按钮,则置位复位标志 M0,调用复位子程序,在复位子程序里将所有的输出全部复位,同时将计数器和定时器清零,复位程序如图 7-21 所示。

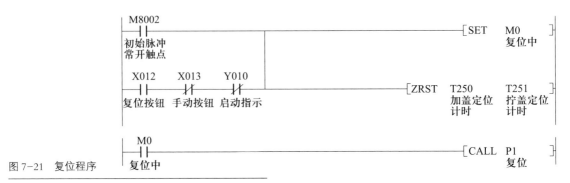

图 7-21　复位程序

（4）加盖、拧盖互不干扰程序

加盖机构与拧盖机构执行时都处于传送带上,如果加盖机构与拧盖机构的关系处理不好,那么这两个机构的运行将会受到影响,从而导致整个单元的故障,瓶子定位开始程序如图 7-22 所示。

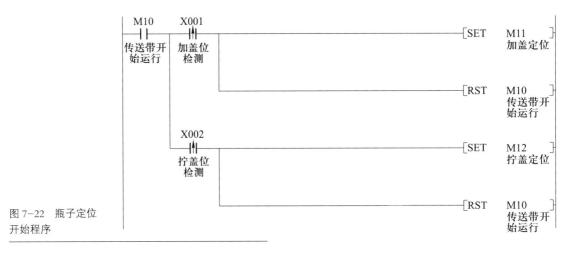

图 7-22　瓶子定位开始程序

加盖机构与拧盖机构中,任一机构在运行时,传送带处于停止状态,另一机构也可能会处于停止状态,而定位计时也应暂停,故这两个机构的定位计时都应使用掉电保持定时器。定位计时掉电保持程序如图 7-23 所示,拧盖程序类同。

（5）运行与调试

加盖拧盖单元单站功能测试见表 7-8,根据任务书,按表 7-8 的要求测试功能。

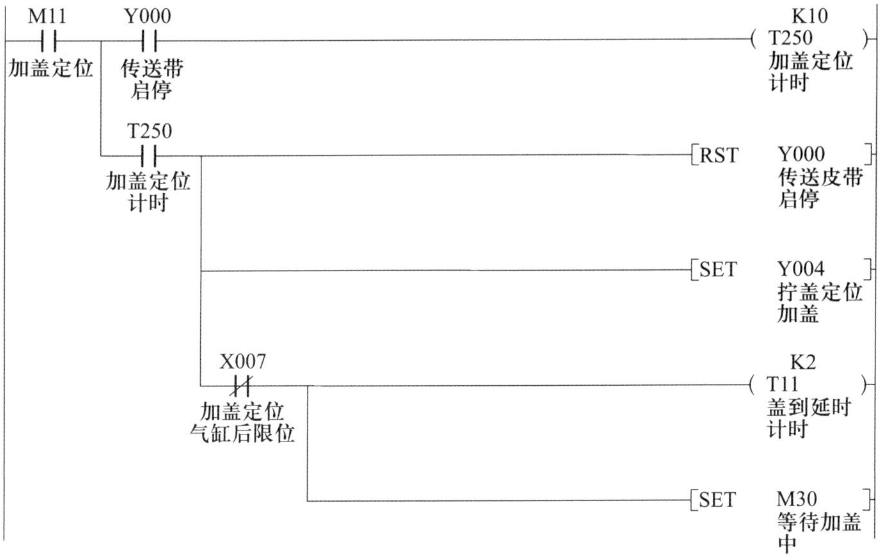

图 7-23　定位计时掉电保持程序

表 7-8　加盖拧盖单元单站功能测试

测试内容	测试要求	评分	
		配分	得分
单元自动运行过程	（1）上电,系统处于单机、停止状态下	3	
	停止指示灯亮	2	
	启动指示灯灭	2	
	复位指示灯灭	2	
	（2）在停止状态下,按下复位按钮,单元开始复位	3	
	复位过程中,复位指示灯闪亮	2	
	启动指示灯灭	2	
	停止指示灯灭	2	
	复位结束后,复位指示灯常亮	2	
	运行或复位状态下,按启动按钮无效	2	
	所有机构回到初始位置如下:		
	主传送带停止	2	
	加盖定位气缸缩回	2	
	加盖伸缩气缸缩回	2	
	加盖升降气缸缩回	2	
	拧盖定位气缸缩回	2	

107

测试内容	测试要求	评分	
		配分	得分
单元自动运行过程	拧盖电动机停止	2	
	拧盖升降气缸缩回	2	
	（3）在复位状态下，按下启动按钮，单元启动	3	
	启动指示灯亮	2	
	停止指示灯灭	2	
	复位指示灯灭	2	
	停止或运行状态下，按启动按钮无效	2	
	（4）当加盖位检测传感器检测到有物料瓶，并等待将物料瓶输送到加盖工位下方时，停止	2	
	（5）加盖定位气缸推出，将物料瓶准确固定	2	
	（6）如果加盖机构内无瓶盖，即瓶盖物料筒检测传感器不得电，加盖机构不动作	2	
	红色停止指示灯闪亮（f=1 Hz）	2	
	将盖子手动放入后，瓶盖物料筒检测传感器感应到瓶盖，红色停止指示灯灭	2	
	加盖机构开始运行，继续第（7）步动作	2	
	（7）如果加盖机构有瓶盖，即瓶盖物料筒检测传感器得电，加盖伸缩气缸推出，将瓶盖推到落料口	2	
	（8）加盖升降气缸伸出，将瓶盖压下	2	
	（9）瓶盖准确落在物料瓶上，无偏斜	2	
	（10）加盖伸缩气缸缩回	2	
	（11）加盖升降气缸缩回	2	
	（12）加盖定位气缸缩回	2	
	（13）主传送带启动	2	
	（14）当拧盖位检测传感器检测到有物料瓶，并等待将物料瓶输送到拧盖工位下方时，传送带停止	2	
	（15）拧盖定位气缸推出，将物料瓶准确固定	2	
	（16）拧盖电动机开始旋转	2	
	（17）拧盖升降气缸下降	2	

测试内容	测试要求	评分	
		配分	得分
单元自动运行过程	（18）瓶盖完全被拧紧	2	
	（19）拧盖电动机停止运行	2	
	（20）拧盖升降气缸缩回	2	
	（21）主传送带启动	2	
	（22）当物料瓶输送到主传送带末端后，人工拿走物料瓶。重复第（4）到（22）步，直到 4 个物料瓶与 4 个瓶盖用完为止，每次循环内，任何一步动作失误，该步都不得分	2	
	（23）系统在运行状态下按停止按钮，单元立即停止，所有机构不工作	3	
	停止指示灯亮	2	
	运行指示灯灭	2	
	复位指示灯灭	2	
合计		100	

ℹ️ **任务评价**

对任务的实施情况进行评价，评分内容及结果见表 7-9。

表 7-9　任务 7-3 评分内容及结果

_____学年			任务形式 □个人　□小组分工　□小组	工作时间 _____min	
任务名称	内容分值		评分标准	学生自评	教师评分
加盖拧盖单元功能的编程与调试	编程软件使用 （10 分）	会使用编程软件 （10 分）	（1）不会选择 PLC 型号，扣 2 分； （2）不会新建工程，扣 2 分； （3）不会输入程序，扣 3 分； （4）不会下载程序，扣 3 分		
	程序编写 （80 分）	根据功能要求编写控制程序 （50 分）	表 7-8 的得分 ×80% 为该项得分		

续表

任务名称	内容分值		评分标准	学生自评	教师评分
加盖拧盖单元功能的编程与调试	安全文明生产（10分）	劳动保护用品穿戴整齐;遵守操作规程;讲文明礼貌;操作结束要清理现场（10分）	（1）操作中,违反安全文明生产考核要求的任何一项扣5分,扣完为止; （2）当发现有重大事故隐患时,须立即予以制止,并每次扣安全文明生产总分5分; （3）穿戴不整洁,扣2分;设备不会还原,扣5分;现场不清理,扣5分		
合计					

学生:＿＿＿＿　　老师:＿＿＿＿　　日期:＿＿＿＿

📎 任务拓展

1. 控制要求

初始位置:拆盖手爪处于松开状态,双轴气缸处于上升状态,拆盖电动机处于停止状态。

控制流程如下:

① 除拆盖机构,全站的运行与任务拓展前一致。

② 拆盖机构的拆盖光纤传感器感应到拧盖错误的瓶子时传送带停止运行。

③ 双轴气缸向下压下。

④ 拆盖手爪夹紧瓶盖。

⑤ 拆盖电动机启动将瓶盖拧开。

⑥ 拆盖电动机停止运行。

⑦ 松开拆盖手爪。

⑧ 双轴气缸缩回。

⑨ 传送带继续运行。

2. 程序调试

拆盖光纤传感器感应到拧盖错误的瓶子时,传送带停止运行,拆盖机构开始运行,拆盖启动程序如图7-24所示。

图7-24　拆盖启动程序

拆盖机构向下压至瓶盖上方,抓住瓶盖后,拆盖电动机启动将瓶盖拧松,拆盖执行程序如图 7-25 所示。

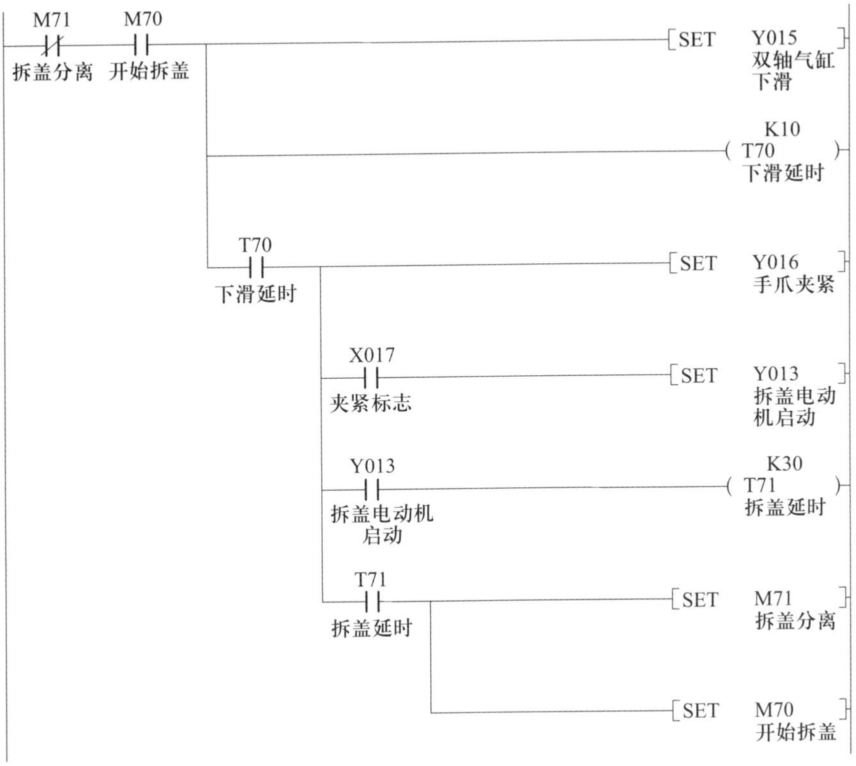

图 7-25　拆盖执行程序

将瓶盖拧开后将拆盖电动机停止,并松开手爪,拆盖机构缩回传送带重新启动,拆盖完成程序如图 7-26。

图 7-26　拆盖完成程序

任务 7-4　加盖拧盖单元人机界面的设计与测试

✏️ 任务描述

按控制功能的要求,设计符合功能要求的人机界面,实现手动控制、单周期运行、自动运行,能够显示和满足联机控制的要求。

🗁 任务实施

加盖拧盖单元人机界面如图 7-27 所示。输入信息为 1 时指示灯为绿色;输入信息为 0 时,指示灯保持灰色。按钮强制输出 1 时为红色;按钮强制输出 0 时为灰色。触摸屏上设置一个手动模式／自动模式按钮,只有在该按钮被按下,且单元处于"单机"状态时,手动强制输出控制按钮才有效。

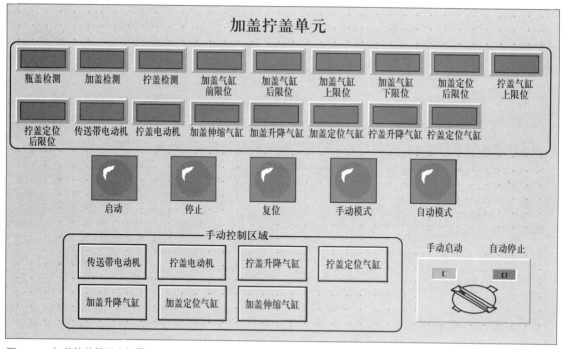

图 7-27　加盖拧盖单元人机界面

加盖拧盖单元监控画面数据监控见表 7-10,按表 7-10 连接关联变量,满足功能测试的要求。

表 7-10 加盖拧盖单元监控画面数据监控

作用	名称	关联变量	配分	得分
指示灯显示	瓶盖检测	设备 0_ 读写 M0868	3	
	加盖检测	设备 0_ 读写 M0869	3	
	拧盖检测	设备 0_ 读写 M0870	3	
	加盖气缸前限位	设备 0_ 读写 M0871	3	
	加盖气缸后限位	设备 0_ 读写 M0872	3	
	加盖气缸上限位	设备 0_ 读写 M0873	3	
	加盖气缸下限位	设备 0_ 读写 M0874	3	
	加盖定位后限位	设备 0_ 读写 M0875	3	
	拧盖气缸上限位	设备 0_ 读写 M0876	3	
	拧盖定位后限位	设备 0_ 读写 M0877	3	
	传送带电动机	设备 0_ 读写 M0880	3	
	拧盖电动机	设备 0_ 读写 M0881	3	
	加盖伸缩气缸	设备 0_ 读写 M0882	3	
	加盖升降气缸	设备 0_ 读写 M0883	3	
	加盖定位气缸	设备 0_ 读写 M0884	3	
	拧盖升降气缸	设备 0_ 读写 M0085	3	
	拧盖定位气缸	设备 0_ 读写 M0886	3	
	启动	设备 0_ 读写 M0864	3	
	停止	设备 0_ 读写 M0865	3	
	复位	设备 0_ 读写 M0866	3	
	手动模式	设备 0_ 读写 M0867	6	
	自动模式	设备 0_ 读写 M0867	6	
按钮操作	传送带电动机	设备 0_ 读写 M0880	4	
	拧盖电动机	设备 0_ 读写 M0881	4	
	加盖升降气缸	设备 0_ 读写 M0883	4	
	加盖定位气缸	设备 0_ 读写 M0884	4	
	拧盖升降气缸	设备 0_ 读写 M0085	4	
	拧盖定位气缸	设备 0_ 读写 M0886	4	
	加盖伸缩气缸	设备 0_ 读写 M0882	4	
合计			100	

ℹ️ 任务评价

对任务的实施情况求进行评价,评分内容及结果见表 7-11。

表 7-11　任务 7-4 评分内容及结果

_____学年			任务形式 □个人　□小组分工　□小组	工作时间 _____min	
任务名称	内容分值		评分标准	学生 自评	教师 评分
加盖拧盖单元人机界面的设计与测试	型号选择 (5分)	任务步骤及 电路图样 (5分)	PLC 和触摸屏型号选择是否正确		
	电路连接 (15分)	正确完成 PLC 和 触摸屏间的 通信连接 (15分)	PLC 和触摸屏是否可以正确连接,通信参数 是否设置正确		
	画面的绘制 (30分)	按要求完成 组态画面 (30分)	能否按照要求绘制画面,少绘或错绘一个扣 2分,扣完为止		
	功能测试 (40分)	手动功能测试 (20分)	表 7-10 得分 ×20% 为该项得分		
		单元功能运行 (20分)	(1)主传送带不能按功能要求流畅运行,每 处扣 2 分; (2)加盖机构不能按功能要求流畅运行,每 处扣 2 分; (3)拧盖机构不能按功能要求流畅运行,每 处扣 2 分		
	安全文明生产 (10分)	劳动保护用品穿戴 整齐;遵守操作 规程;讲文明礼貌; 操作结束要清理 现场 (10分)	(1)操作中,违反安全文明生产考核要求的 任何一项扣 5 分,扣完为止; (2)当发现有重大事故隐患时,须立即予以 制止,并每次扣安全文明生产总分 5 分; (3)穿戴不整洁,扣 2 分;设备不会还原,扣 5 分;现场不清理,扣 5 分		
合计					

学生:_____　　老师:_____　　日期:_____

🏷️ 任务拓展

1. 屏保的应用主要为防止操作人员离开后,人机界面被误触碰而导致设备操作错误。而使用屏幕保护程序后,操作人员离开 20 s 后人机界面自动进入屏幕保护界面,在重新点击屏幕或重新登录或其他条件达成的情况下返回操作界面。

2. 设计登录子窗口界面,要求能够完成账号和密码的设置,如果密码或账号错误,弹出子窗口,窗口位置坐标(200,300),窗口大小(150,100),内容"当前输入错误,请输入正确的账号或密码"。

任务 7-5　加盖拧盖单元故障诊断与排除

任务描述

加盖拧盖单元用型号为 H2U-1616MR-XP 的 PLC,传送带由 24 V 直流电动机驱动。设备安装完成,存在故障,需要设备查找及排除故障,并对设备进行调试,使其运行顺畅,满足任务 7-3 所描述的功能要求。

任务实施

1. 逐步逼近法

对于比较复杂或隐蔽的故障,往往通过简单的观察或测量不能直接快速判断故障,此时可采用逐级检查的方法逐步逼近故障。首先,仔细分析电路原理图,根据故障现象,确定故障存在的大的范围,是供电故障,还是 PLC 输入侧故障,或是 PLC 输出侧故障;然后,使用万用表从 PLC 出发,利用电阻法或电压法,逐级检测各点的电阻或者电压,如发现某一级的电阻或电压不正确,则基本可以确定故障范围。

2. 元器件替代法

对于怀疑有故障的元器件,可用一个完好的元器件替代,替换后的元器件若电路工作正常,则说明原有元器件存在故障,可对其进一步检测测定,测试其损坏程度,分析故障原因,考虑是否存在修理价值和可能。同时,检查相邻元器件是否也有故障,以避免留下隐患。但是此方法对于成本较高的部件不宜采用。

3. 断路法

用于检查短路故障的有效方法。断路法是一种使故障怀疑点逐步缩小范围的方法,例如,PLC 输入侧电路发生短路故障导致输入信号不正确,影响 PLC 正常工作,可采取断路某一支路的方法,若断开该支路后,输入信号正常,则故障就发生在此支路。

4. 故障示例

认真观察故障现象,分析故障原因,编写故障分析流程(可以参考颗粒上

视频:加盖拧盖单元故障示例

料单元的故障分析流程,如图 6-28 所示),填写排除故障 1~故障 3 操作记录卡,见表 7-12~表 7-14。

表 7-12　排除故障 1 操作记录卡

故障现象	按下启动按钮后,本单元传送带打晃、打滑、发抖
故障分析	
故障排除	

表 7-13　排除故障 2 操作记录卡

故障现象	物料瓶运行到加盖位置后,定位气缸不动
故障分析	
故障排除	

表 7-14　排除故障 3 操作记录卡

故障现象	物料瓶到达拧盖位置后,拧盖电动机不动
故障分析	
故障排除	

任务评价

自行设置 5 个故障,对任务的实施情况进行评价,评分内容及结果见表 7-15。

表 7-15　任务 7-5 评分内容及结果

＿＿＿＿＿学年		任务形式 □个人　□小组分工　□小组		工作时间 ＿＿＿＿＿min	
任务名称	内容分值		评分标准	学生 自评	教师 评分
加盖拧盖单元故障诊断与排除	故障记录 (15 分)	每个故障现象描述记录准确 (5 分)	每缺少 1 个或错误一个扣 1 分,扣完为止		
		故障原因分析正确 (5 分)	错误或未查找出故障原因等,每次扣 1 分,扣完为止		
		故障排除合理 (5 分)	故障排除步骤不合理或者错误等,每次扣 1 分,扣完为止		

任务名称	内容分值		评分标准	学生 自评	教师 评分
加盖拧盖 单元故障 诊断与排除	功能测试 （75 分）	单元复位控制 （15 分）	上电,系统处于复位状态下。启动和停止指示灯灭,单元复位,复位过程中,复位指示灯闪亮,所有机构回到初始位置,复位完成后,复位指示灯常亮(运行状态下按复位按钮无效)。指示灯状态不正确,每处扣 3 分,扣完为止		
		单元自动运行 （50 分）	（1）在复位就绪状态下,按下启动按钮,单元启动,启动指示灯亮,停止和复位指示灯灭(停止或复位未完成状态下,按启动按钮无效)。满分为 5 分,指示灯状态不正确,每处扣 1 分,扣完为止; （2）将无盖物料瓶手动放置到本单元起始端,当物料瓶运行到加盖工位下方时,传送带停止,加盖定位气缸推出,将物料瓶准确固定。每处功能不正确扣 2 分,扣完为止; （3）如果加盖机构内无瓶盖,加盖机构不动作,红色停止指示灯闪亮($f=1\ Hz$);手动将盖子放入后,红色指示灯灭;加盖机构开始运行,继续第（4）步动作。每处功能不正确扣 2 分,扣完为止; （4）如果加盖机构有瓶盖,加盖伸缩气缸推出,将瓶盖推到落料口;加盖升降气缸伸出,将瓶盖压下;瓶盖准确落在物料瓶上,无偏斜;加盖伸缩气缸缩回;加盖升降气缸缩回;加盖定位气缸缩回;传送带启动。每处功能不正确扣 2 分,扣完为止; （5）物料瓶运行到拧盖机构下方,传送带停止;拧盖定位气缸推出,将物料瓶准确固定;拧盖电动机开始旋转;拧盖升降气缸下降;瓶盖完全被拧紧;拧盖电动机停止运行;拧盖升降气缸缩回;拧盖定位气缸缩回;传送带启动。每处功能不正确扣 2 分,扣完为止; （6）当物料瓶输送到本单元传送带末端后,人工拿走物料瓶。重复第（2）到（5）步,直到 4 个物料瓶与 4 个瓶盖用完为止,每次循环内,任何一步动作失误,扣 2 分,扣完为止		

续表

任务名称	内容分值		评分标准	学生自评	教师评分
加盖拧盖单元故障诊断与排除	功能测试（75分）	单元停止控制（10分）	在任何启动运行状态下,按下停止按钮,单元立即停止,所有机构不工作,停止指示灯亮,启动和复位指示灯灭。停止不正确,每处扣2分,扣完为止		
	安全文明生产（10分）	劳动保护用品穿戴整齐;遵守操作规程;讲文明礼貌;操作结束要清理现场（10分）	（1）操作中,违反安全文明生产考核要求的任何一项扣5分,扣完为止; （2）当发现有重大事故隐患时,须立即予以制止,并每次扣安全文明生产总分5分; （3）穿戴不整洁,扣2分;设备不会还原,扣5分;现场不清理,扣5分		
合计					

学生:_____   老师:_____   日期:_____

📎 任务拓展

加盖拧盖单元常见故障见表 7-16,根据表 7-16 的要求设置故障,编写故障分析流程,独立排除故障。

表 7-16　加盖拧盖单元常见故障

序号	故障现象	故障分析	故障排除
1	传送带不转		
2	传送带反转		
3	气缸不动作		
4	气缸不能准确定位		
5	按钮的指示灯不亮		
6	瓶盖无法推出		

任务 8　检测分拣单元的安装、编程、调试与维护

SX-815Q 机电一体化综合实训设备的检测分拣单元用型号为 H2U-3624MR-XP 的 PLC 实现电气控制,检测分拣单元如图 8-1 所示。完成如下操作:

(1) 本单元控制挂板及桌面机构的安装,以及检测分拣传送带、拱形门检测装置的机械安装;

(2) 根据电气原理图和气路图,完成检测分拣单元的电路和气路连接;

(3) 按照单元功能,进料检测传感器检测拧盖完成的物料瓶是否到位,回归反射传感器检测瓶盖是否拧紧;拱形门机构检测物料瓶内部颗粒是否符合要求;对拧盖与颗粒均合格的物料瓶进行瓶盖颜色判别与区分;拧盖或颗粒不合格的物料瓶被分拣机构推送到废品输送带上;拧盖与颗粒均合格的物料瓶被输送到主传送带机构的末端,等待机器人搬运;

(4) 利用人机界面设计本单元的手动、自动、单周期的运行功能,并能实时地进行控制和显示;

(5) 对安装中出现的设备故障进行查找及排除,并对设备进行调试,使其运行顺畅,满足控制功能的要求,同时根据故障现象,准确分析故障原因及部位,排除故障,并将排除的操作步骤进行记录。

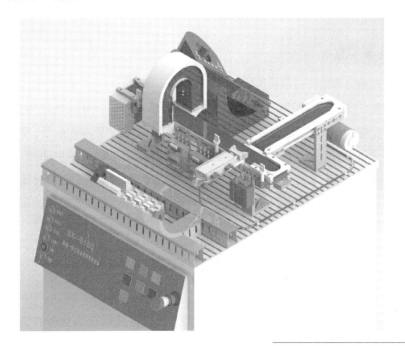

动画:检测分拣单元运行

图 8-1　检测分拣单元

任务 8-1　检测分拣单元机械结构件的组装与调整

✏️ **任务描述**

检测分拣单元桌面未安装,无法实现对物料瓶的分拣。检测分拣单元的总装如图 8-2 所示,根据图 8-2 对检测分拣单元的机械结构件进行组装,完成检测分拣单元上的主传送带机构、辅传送带机构和检测装置的零件安装,并根据各机构的相对位置将其安装在本单元的工作台上。

动画:检测分拣主
传送带安装过程

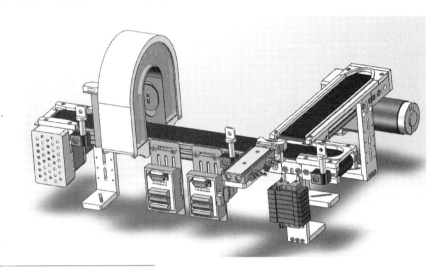

图 8-2　检测分拣单元总装

📁 **任务实施**

1. 检测分拣主传送带机构

检测分拣主传送机构主要由直流电动机、传送带、拱形门、光纤传感器、带轮和配件等组成。检测分拣主传送带机构整体结构如图 8-3 所示,零件构成如图 8-4 所示。工作时,光纤传感器检测物料、直流电动机提供动力,带动主动轮转动,从而拖动传送带转动去输送物料瓶准确分拣。在安装时要求正确选择工具,安装步骤正确,不要返工,安装牢靠紧实,符合安装操作的规定。

2. 辅传送带机构

辅传送机构主要由传送带、支架、带轮和配件等组成,其整体结构如图 8-5 所示,零件构成如图 8-6 所示。

3. 桌面布局

将组装好的检测分拣主、辅传送带机构和检测装置按照合适的位置安装到型材板上,组成检测分拣单元的机械结构,桌面布局如图 8-7 所示。

文本：检测分拣主
传送带安装步骤

图 8-3　检测分拣主传
送带机构整体结构

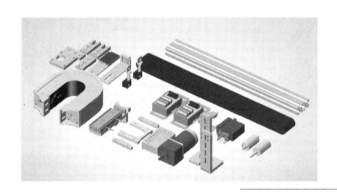

动画：辅传送带安
装过程

图 8-4　检测分拣主传
送带机构零件构成

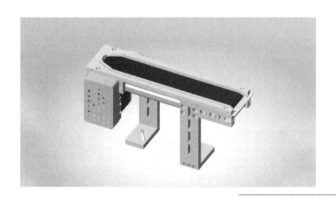

图 8-5　辅传送带机构
整体结构

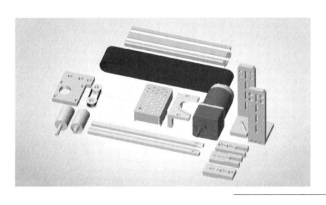

图 8-6　辅传送带机构
零件构成

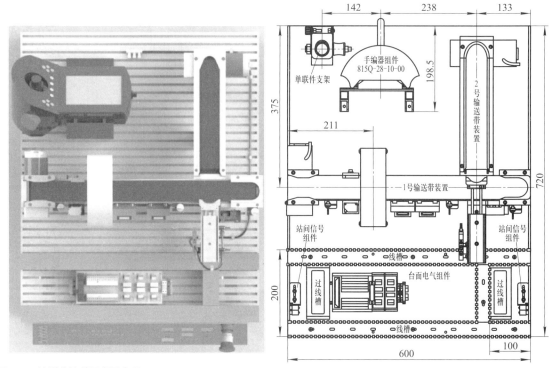

图 8-7　检测分拣单元桌面布局

动画:检测分拣单元
整体安装与调试

调整时应保证各单元传送带齐平,各个工作站最大不齐平距离小于 5 mm。

任务评价

对任务的实施情况进行评价,评分内容及结果见表 8-1。

表 8-1　任务 8-1 评分内容及结果

_____学年			任务形式 □个人　□小组分工　□小组	工作时间 _____min	
任务名称	内容分值		评分标准	学生 自评	教师 评分
检测分拣 单元机械 结构件的 组装与调整	辅传送带机构 (45 分)	电动机支架 安装牢固 (15 分)	(1)螺钉安装不牢固,每个扣 1 分,扣完 为止; (2)光电开关安装不牢固,扣 5 分		
		脚支架安装牢固 (10 分)	(1)脚支架安装不牢固,扣 6 分; (2)脚支架安装倾斜,扣 4 分		
		传送带松紧合适 (10 分)	(1)螺钉安装不牢固,每个扣 1 分,扣完 为止; (2)外围板安装不牢固,扣 5 分		

任务名称	内容分值		评分标准	学生自评	教师评分
检测分拣单元机械结构件的组装与调整	辅传送带机构（45分）	直流电动机齿轮和传送带安装正确（10分）	（1）直流电动机安装不牢固,扣5分; （2）传送带安装不能正常工作,扣5分		
	检测分拣主传送带机构（45分）	电动机支架安装牢固（15分）	（1）螺钉安装不牢固,每个扣1分,扣完为止; （2）光电开关安装不牢固,扣5分		
		传送带松紧合适（10分）	（1）螺钉安装不牢固,每个扣1分,扣完为止; （2）外围板安装不牢固,扣5分		
		直流电动机齿轮和传送带安装正确（10分）	（1）直流电动机安装不牢固扣5分; （2）传送带安装不能正常工作扣5分		
		检测装置和传感器合适安装（10分）	（1）检测装置安装倾斜,扣5分; （2）光纤传感器安装不牢固,扣5分		
	安全文明生产（10分）	劳动保护用品穿戴整齐;遵守操作规程;讲文明礼貌;操作结束要清理现场（10分）	（1）操作中,违反安全文明生产考核要求的任何一项扣5分,扣完为止; （2）当发现有重大事故隐患时,须立即予以制止,并每次扣安全文明生产总分5分; （3）穿戴不整洁,扣2分;设备不会还原,扣5分;现场不清理,扣5分		
合计					

学生:_____   老师:_____   日期:_____

任务拓展

检测分拣单元的拱形门机构安装于检测分拣主传送带上,当物料瓶经过拱形门时对其物料数量和瓶盖颜色进行检测,从而判断合格与否。拱形门机构如图8-8所示,视觉传感器装置如图8-9所示。

拱形门机构内装有两对对射式光纤来检测物料瓶里的物料数量,安装时应保证在同一水平上,不能有错位。为提高检测效率和准确度数,采用视觉传感器装置,该装置安装简易,广泛应用于生产线的质检和分拣。

图 8-8　拱形门机构

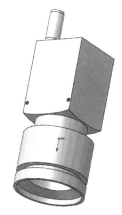

图 8-9　视觉传感器装置

任务 8-2　检测分拣单元电路与气路的连接及操作

✎ 任务描述

根据 SX-815Q 机电一体化综合实训设备的检测分拣单元的电气原理图、气路图和配电控制盘电气元件布局,完成桌面上所有与 PLC 输入、输出有关的执行元件的电气连接和气路连接,确保各气缸运行顺畅、平稳和电气元件的功能实现。

🗀 任务实施

1. 电气原理图

检测分拣单元电气原理如图 8-10 所示。

2. 电气元件布局的设计

实施电路接线之前,先要规划好元器件的布局,再根据布局固定各个电气元件,电气元件布局要合理,固定要牢靠,配电控制盘上的各电气元件安装布局如图 8-11 所示。配电控制盘用槽板分为三个部分,上部是接线端子;中部是 24 V 直流电源;下部依次为漏电保护器、电源插座、接触器、熔断器、继电器、PLC。

3. 气路设计

气路安装前需详细阅读气路图,将气路的走向、使用的元器件数量及位置一一记录。气路安装时要依从安全、美观及节省材料的原则来实施,检测分拣单元气路图如图 8-12 所示。

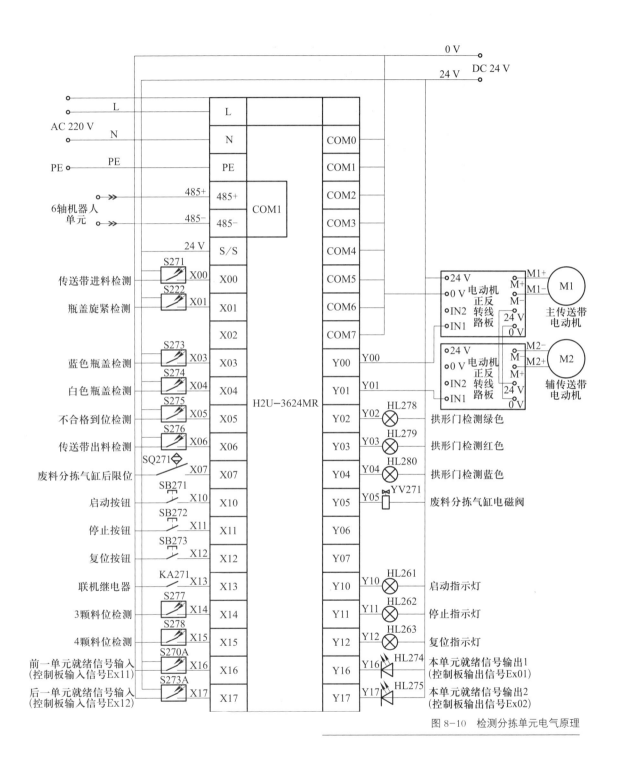

图 8-10　检测分拣单元电气原理

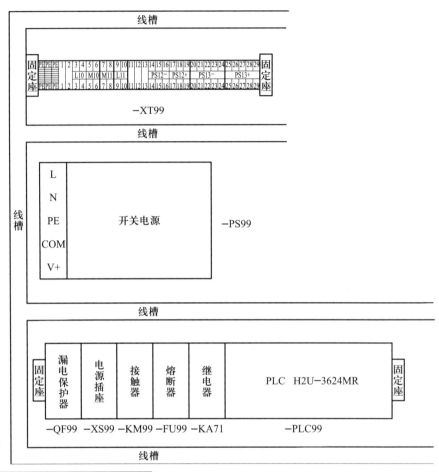

图 8-11 检测分拣单元配电控制盘电气布局

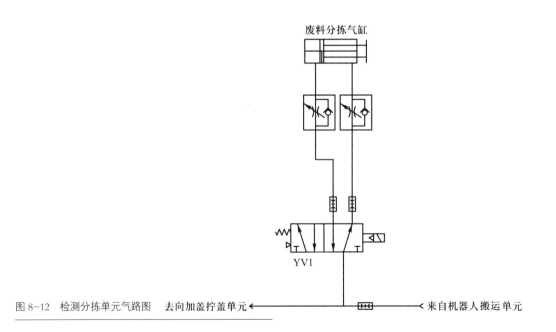

图 8-12 检测分拣单元气路图

4. 安装实施

（1）挂板电气元件的安装

挂板电气元件安装说明与颗粒上料单元类似，见表 6-4。

（2）电路安装

单元中电路接线可分为 PLC 电路、按钮板接线电路、挂板接线电路、机械模型接线电路四个部分。各部分通过接头线缆相互连接。

（3）电磁阀与气路的连接

检测分拣单元中使用了一个电磁阀，即废料分拣气缸电磁阀，PLC 与电磁阀的连接与颗粒上料单元类似，见表 6-10。

文本：检测分拣单元传感器安装步骤

任务评价

对任务的实施情况进行评价，评分内容及结果见表 8-2。

表 8-2　任务 8-2 评分内容及结果

任务名称	＿＿＿＿＿学年		任务形式 □个人　□小组分工　□小组	工作时间 ＿＿＿＿＿min	
	内容分值		评判标准	学生 自评	教师 评分
检测分拣单元电路与气路的连接及操作	传感器的安装 （20分）	X00	进料检测传感器接线正确，每个 2 分		
		X02	瓶盖旋紧检测传感器接线正确，每个 2 分		
		X03	蓝色瓶盖检测传感器接线正确，每个 2 分		
		X04	白色瓶盖检测传感器接线正确，每个 2 分		
		X05	不合格到位检测传感器接线正确，每个 2 分		
		X06	出料检测传感器接线正确，每个 2 分		
		X07	废料分拣气缸后限位检测传感器接线正确，每个 2 分		
		X14	3 颗料检测传感器接线正确，每个 2 分		
		X15	4 颗料检测传感器接线正确，每个 2 分		
	电气连接工艺 （70分）		零件齐全，零件安装部位正确；缺少零件，零件安装部位不正确，每处扣 2 分，扣完为止		
			型材主体与脚架立板垂直，2 分；不成直角，每处扣 1 分，扣完为止		
			各配件固定螺钉紧固，无松动，1 分；固定螺钉松动，每处扣 1 分，扣完为止		
			紧固螺钉垫片，1 分；缺垫片，每处扣 1 分，扣完为止		

续表

任务名称	内容分值		评判标准	学生自评	教师评分
检测分拣单元电路与气路的连接及操作	电气连接工艺（70分）	主动轮与从动轮调整到位，传送带松紧符合要求，运行时传送带不打滑			
		同步轮紧定螺钉发生滑牙、滑扣现象，每处扣1分，扣完为止			
		颜色确认检测传感器与输送带上颗粒间距合理，1分；一处不合理扣1分			
		导线进入行线槽，每个进线口导线分布合理、整齐，单根电线直接进入走线槽，且不交叉，不合理每处1分，扣完为止			
		每根导线对应一位接线端子，并用线鼻子压牢，不合格每处扣1分，扣完为止			
		端子进线部分，每根导线应套用号码管，不合格每处扣1分，扣完为止			
		每个号码管应进线合理编号，不合格每处扣1分，扣完为止			
		扎带捆扎间距为50～80 mm，且同一线路上捆扎间隔相同，不合格每处扣1分，扣完为止			
		绑扎带切割不能留余太长，应小于1 mm且不割手，若不符合要求每处扣1分，扣完为止			
		接线端子金属裸露不超过2 mm，不合格每处扣1分，扣完为止			
		电路、气路捆扎在一起，每处扣1分，扣完为止			
		气管过长或过短（气管与接头平行部分不超过20 mm），不合格每处扣1分，扣完为止			
		气路连接错误、气路走向不合理、出现漏气，不合格每处扣1分，扣完为止			
	安全文明生产（10分）	劳动保护用品穿戴整齐；遵守操作规程；讲文明礼貌；操作结束要清理现场（10分）	（1）操作中，违反安全文明生产考核要求的任何一项扣5分，扣完为止；（2）当发现有重大事故隐患时，须立即予以制止，并每次扣安全文明生产总分5分；（3）穿戴不整洁，扣2分；设备不会还原，扣5分；现场不清理，扣5分		
合计					

学生：_____ 老师：_____ 日期：_____

🏷 **任务拓展**

视觉传感器是整个机器视觉系统信息的直接来源，主要由一个或者两个图形传感器组成，有时还要配以光投射器及其他辅助设备。视觉传感器主要功能是获取足够的机器视觉系统要处理的最原始图像。图像传感器可以使用激光扫描器、线阵和面阵 CCD 摄像机或者 TV 摄像机,也可以是最新出现的数字摄像机等。

视觉传感器具有从一整幅图像捕获光线的数以千计的像素。图像的清晰和细腻程度通常用分辨率来衡量,以像素数量表示。因此,无论距离目标数米还是数厘米远,传感器都能"看到"十分细腻的目标图像。在捕获图像之后,视觉传感器将其与内存中存储的基准图像进行比较,以作出分析。例如,若视觉传感器被设定为辨别正确地插有 8 颗螺栓的机器部件,则传感器就知道应该拒收只有 7 颗螺栓的部件,或者螺栓未对准的部件。此外,无论该机器部件位于视场中的哪个位置,无论该部件是否在 360 度范围内旋转,视觉传感器都能作出判断。

视觉传感器的低成本和易用性已吸引机器设计师和工艺工程师将其集成入各类曾经依赖人工、多个光电传感器,或根本不检验的应用。视觉传感器的工业应用包括检验、计量、测量、定向、瑕疵检测和分拣。

读者可查阅相关资料了解更多检测分拣案例。

任务 8-3　检测分拣单元功能的编程与调试

✎ 任务描述

任务 8-1 和任务 8-2 已将设备的机械结构件进行组装,并将电路和气路部分进行了连接,需要在了解相关知识的基础上,根据设备运行的控制要求,编写 PLC 程序,以便于把数据传送给机器人并让其做出正确的动作。

本单元工作过程为进料检测传感器检测拧盖完成的物料瓶是否到位,回归反射传感器检测瓶盖是否拧紧;拱形门机构检测物料瓶内部颗粒是否符合要求;对拧盖与颗粒均合格的物料瓶进行瓶盖颜色判别与区分;拧盖或颗粒不合格的物料瓶被分拣机构推送到废品传送带上;拧盖与颗粒均合格的物料瓶被输送到主传送带机构的末端,等待机器人搬运。

动画:检测分拣单元
运行

📁 任务实施

1. 任务要求

控制流程如下:

① 上电,系统处于复位状态下。复位指示灯亮,启动和停止指示灯灭。

② 在停止状态下,按下复位按钮,该单元复位,复位过程中,复位指示灯闪亮,所有机构回到初始位置。复位完成后,复位指示灯常亮,启动和停止指

示灯灭。运行或复位状态下,按启动按钮无效。

③ 在复位就绪状态下,按下启动按钮,单元启动,启动指示灯亮,停止和复位指示灯灭。

④ 主传送带启动并运行,拱形门灯带蓝灯常亮。

⑤ 将放有 3 颗物料并旋紧白色瓶盖的物料瓶手动放置到本单元起始端。

⑥ 当进料检测传感器检测到有物料瓶且旋紧检测传感器无动作,经过检测装置时,拱形门灯带蓝灯熄灭,绿灯闪亮($f=1$ Hz),物料瓶即被输送到主传送带机构的末端,出料检测传感器动作。

⑦ 将放有 3 颗物料并旋紧蓝色瓶盖的物料瓶手动放置到本单元起始端。

⑧ 当进料检测传感器检测到有物料瓶且旋紧检测传感器无动作,经过检测装置时,拱形门灯带蓝灯熄灭,绿灯常亮,物料瓶即被输送到主传送带机构的末端,出料检测传感器动作。

⑨ 将放有 2 或者 4 颗物料并旋紧瓶盖的物料瓶手动放置到该单元起始端。

⑩ 当进料检测传感器检测到有物料瓶且旋紧检测传感器无动作,经过检测装置时,拱形门灯带蓝灯熄灭,红色闪亮($f=1$ Hz),物料瓶经过不合格到位检测传感器时,传感器动作,触发分拣气缸电磁阀得电,当到达分拣气缸位置时即被推到辅传送带机构上。

⑪ 将放有 3 颗物料并未旋紧瓶盖的物料瓶手动放置到本单元起始端。

⑫ 当进料检测传感器检测到有物料瓶且旋紧检测传感器动作,经过检测装置时,拱形门灯带蓝灯熄灭,红灯常亮,物料瓶经过不合格到位检测传感器时,传感器动作,触发废料分拣气缸电磁阀得电,当到达分拣气缸位置时即被推到辅输送带机构上。

⑬ 将放有 3 颗物料无瓶盖的物料瓶手动放置到本单元起始端。

⑭ 当进料检测传感器检测到有物料瓶且旋紧检测传感器动作,经过检测装置时,拱形门灯带蓝灯熄灭,红灯闪亮($f=10$ Hz),物料瓶经过不合格到位检测传感器时,传感器动作,触发废料分拣气缸电磁阀得电,当到达分拣气缸位置时即被推到辅输送带机构上。

2. 程序控制流程

检测分拣单元在上电后,首先进行状态检测和复位程序,进料检测传感器检测拧盖完成的物料瓶是否到位,回归反射传感器检测瓶盖是否拧紧;拱形门机构检测物料瓶内部颗粒是否符合要求;对拧盖与颗粒均合格的物料瓶进行瓶盖颜色判别与区分;拧盖或颗粒不合格的物料瓶是否被分拣机构推送到废品传送带上;拧盖与颗粒均合格的物料瓶是否被输送到主传送带机构的末端。检测分拣单元程序控制流程如图 8-13 所示。

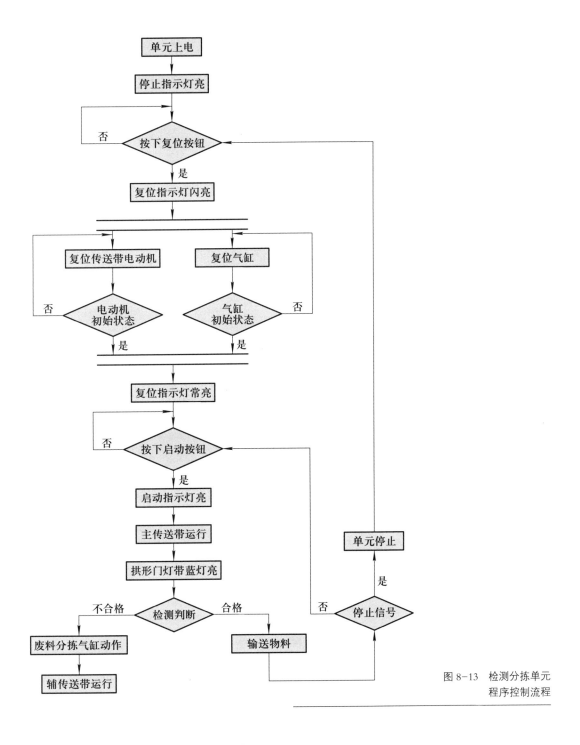

图 8-13　检测分拣单元
程序控制流程

3. I/O 地址功能分配

I/O 分配见表 8-3。

表 8-3　I/O 地址功能分配表

序号	端子	输入或输出设备	功能描述
1	X00	传送带进料检测	进料检测传感器感应到物料，X00 闭合
2	X01	瓶盖旋紧检测	旋紧检测传感器感应到瓶盖，X01 闭合
3	X03	蓝色瓶盖检测	蓝色瓶盖传感器有感应，X03 闭合
4	X04	白色瓶盖检测	白色瓶盖传感器有感应，X04 闭合
5	X05	不合格到位检测	不合格到位传感器感应到物料，X05 闭合
6	X06	传送带出料检测	出料检测传感器感应到物料，X06 闭合
7	X07	废料分拣气缸后限位	废料分拣气缸退回限位感应，X07 闭合
8	X10	启动按钮	按下启动按钮，X10 闭合
9	X11	停止按钮	按下停止按钮，X11 闭合
10	X12	复位按钮	按下复位按钮，X12 闭合
11	X13	联机按钮	按下联机按钮，X13 闭合
12	X14	3 颗料位检测	3 颗料位检测，X14 闭合
13	X15	4 颗料位检测	4 颗料位检测，X15 闭合
14	Y00	主传送带电动机控制	Y00 闭合，主传送带运行
15	Y01	辅传送带电动机控制	Y01 闭合，辅传送带运行
16	Y02	拱形门检测绿色	Y02 闭合，拱形门灯带绿灯点亮
17	Y03	拱形门检测红色	Y03 闭合，拱形门灯带红灯点亮
18	Y04	拱形门检测蓝色	Y04 闭合，拱形门灯带蓝灯点亮
19	Y05	废料分拣气缸电磁阀	Y05 闭合，废料分拣气缸伸出
20	Y10	启动指示灯	Y10 闭合，启动指示灯亮
21	Y11	停止指示灯	Y11 闭合，停止指示灯亮
22	Y12	复位指示灯	Y12 闭合，复位指示灯亮
23	Y16	本单元就绪传感器 1	Y16 闭合，本单元就绪信号输出 1
24	Y17	本单元就绪传感器 2	Y17 闭合，本单元就绪信号输出 2

4. 编程要点

（1）启动程序

将完成拧盖的料瓶送入检测分拣单元入口，按下启动按钮，进入运行状态，调用运行子程序，启动程序如图 8-14 所示。

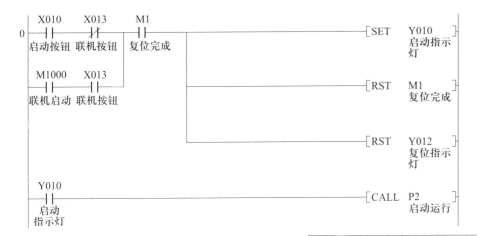

图 8-14 启动程序

（2）停止程序

在系统运行时,随时按下停止按钮,检测停止子程序的功能。若按下停止按钮,则系统应立即停止,停止程序如图 8-15 所示。

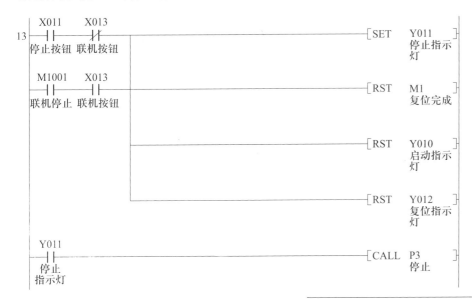

图 8-15 停止程序

（3）复位程序

PLC 上电或者按下控制板上的复位按钮,则置位复位标志 M0,调用复位子程序,在复位子程序里将所有的输出全部复位,同时将计数器和定时器清零,复位程序如图 8-16 所示。

（4）检测程序

当 X00 检测到有物料瓶进入,开始执行检测程序,检测瓶盖旋紧、3 颗料、4 颗料、白色瓶盖、蓝色瓶盖。检测程序如图 8-17 所示。

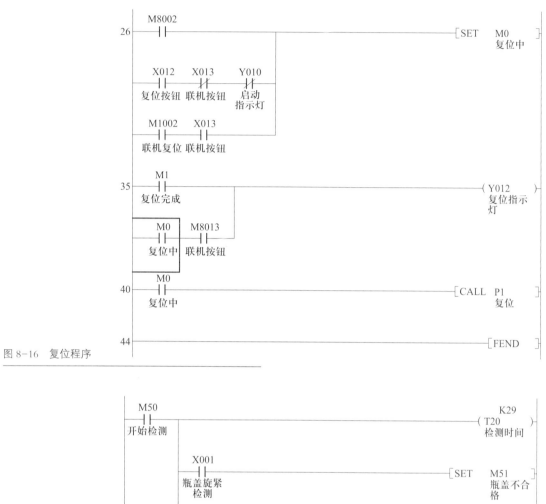

图 8-16　复位程序

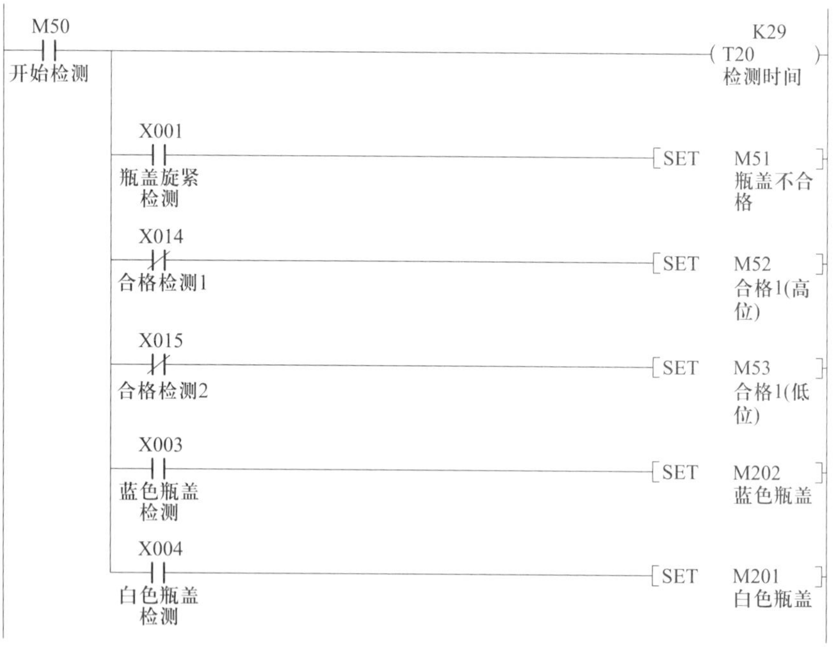

图 8-17　检测程序

（5）显示结果程序

拱形门检测填装不同的颗粒及不同的瓶盖并显示结果,显示结果程序如图 8-18 所示。

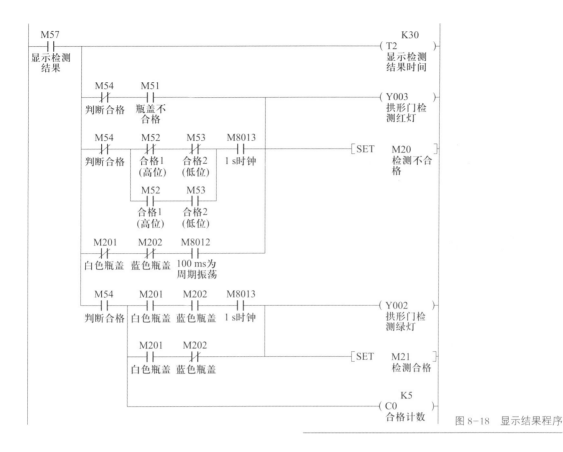

图 8-18 显示结果程序

5. 运行与调试

（1）功能测试

检测分拣单元功能测试见表 8-4，根据任务书，按要求测试功能。

表 8-4 检测分拣单元功能测试

测试内容	测试要求	评分	
		配分	得分
检测分拣单元复位控制	气源二联件压力表调节到 0.4～0.5 MPa	2	
	（1）上电，设备自动处于停止状态，停止指示灯亮	2	
	（2）系统处于停止状态下，按下复位按钮系统自动复位。其他运行状态下按此按钮无效	2	
	（3）复位指示灯（黄色）闪亮显示	2	
	（4）停止指示灯（红色）灭	2	
	（5）启动指示灯（绿色）灭	2	
	（6）所有部件回到初始位置	4	
	（7）复位指示灯（黄色）常亮，系统进入就绪状态	3	

135

续表

测试内容	测试要求	评分	
		配分	得分
检测分拣单元自动控制	（1）系统在就绪状态下,按下启动按钮,本单元进入运行状态,而停止状态下按此按钮无效	3	
	（2）启动指示灯（绿色）亮	3	
	（3）复位指示灯（黄色）灭	3	
	（4）主传送带启动运行,拱形门灯带蓝灯常亮	4	
	（5）经过进料检测传感器时,该传感器有信号输入	3	
	（6）经过检测装置后,拱形门灯带绿灯常亮,蓝灯熄灭	4	
	（7）物料瓶即被输送到主传送带机构的末端,出料检测传感器动作,主传送带停止	4	
	（8）人工拿走物料瓶,传送带继续启动运行,拱形门灯带绿灯熄灭,蓝灯常亮	4	
	（9）经过进料检测传感器时,该传感器有信号输入	3	
	（10）经过检测装置后,拱形门灯带绿灯闪亮($f=2\ Hz$),蓝色熄灭;若灯闪亮频率不是 2 Hz,扣 0.2 分	4	
	（11）物料瓶即被输送到主传送带机构的末端,出料检测传感器动作,主传送带停止	4	
	（12）人工拿走物料瓶,传送带继续启动运行,拱形门灯带绿灯熄灭,蓝灯常亮	4	
	（13）若物料瓶在出料检测传感器位置等待抓取的时间超过 5 s,则拱形门灯带绿灯闪亮($f=5\ Hz$)	4	
	（14）经过进料检测传感器时,该传感器有信号输入	3	
	（15）经过检测装置后,拱形门灯带红灯闪亮($f=2\ Hz$),蓝色熄灭;若灯闪烁频率不是 2 Hz,扣 0.2 分	4	
	（16）物料瓶经过不合格到位检测传感器时,传感器有信号输入	3	
	（17）当到达废料分拣气缸位置时即被推到辅传送带,拱形门灯带红灯灭,蓝灯常亮	4	
	（18）经过检测装置后,拱形门灯带红灯常亮,蓝灯熄灭	4	
	（19）物料瓶经过不合格到位检测传感器时,传感器有信号输入	3	
	（20）当到达废料分拣气缸位置时即被推到辅传送带上,拱形门灯带红灯灭,蓝灯常亮	4	
单元停止控制	在任何启动运行状态下,按下停止按钮,本单元立即停止,所有机构不工作	3	
	（1）停止指示灯（红色）亮;	3	
	（2）启动指示灯（绿色）灭;	3	
合计		100	

ⓘ **任务评价**

对任务的实施情况进行评价,评分内容及结果见表 8-5。

表 8-5　任务 8-3 评分内容及结果

_____学年			任务形式 □个人　□小组分工　□小组	工作时间 _____min	
任务名称	内容分值		评分标准	学生 自评	教师 评分
检测分拣 单元功能的 编程与调试	编程软件使用 (10 分)	会使用编程软件 (10 分)	(1)不会选择 PLC 型号,扣 2 分; (2)不会新建工程,扣 2 分; (3)不会输入程序,扣 3 分; (4)不会下载程序,扣 3 分		
	程序编写 (50 分)	根据功能要求编写 控制程序 (50 分)	表 8-4 得分 ×50% 为该项得分		
	安全文明生产 (10 分)	劳动保护用品穿戴 整齐;遵守操作 规程;讲文明礼貌; 操作结束要 清理现场 (10 分)	(1)操作中,违反安全文明生产考核要求的 任何一项扣 5 分,扣完为止; (2)当发现有重大事故隐患时,须立即予以 制止,并每次扣安全文明生产总分 5 分; (3)穿戴不整洁,扣 2 分;设备不会还原,扣 5 分;现场不清理,扣 5 分		
合计					

学生:_____　老师:_____　日期:_____

🏷 **任务拓展**

1. 任务要求

① 将放有 3 颗物料并旋紧蓝色瓶盖的物料瓶手动放置到该单元起始端。

② 当进料检测传感器检测到有物料瓶且旋紧检测传感器无动作,经过检测装置时,拱形门灯带绿灯闪亮(f =2 Hz),物料瓶即被输送到主传送带机构的末端。

③ 将放有 2 颗或者 4 颗物料并旋紧瓶盖的物料瓶手动放置到本单元的起始端。

④ 当进料检测传感器检测到有物料瓶且旋紧检测传感器无动作,经过检测装置时,拱形门灯带红灯闪烁(f =2 Hz),物料瓶经过不合格到位检测传感器时,传感器动作,触发废料分拣气缸电磁阀得电,当到达废料分拣气缸位置时即被推到辅传送带上。

⑤ 将放有 3 颗物料并未旋紧瓶盖的物料瓶手动放置到本单元的起始端。

⑥ 当进料检测传感器检测到有物料瓶且旋紧检测传感器动作,经过检测装置时,拱形门灯带红灯常亮,物料瓶经过不合格到位检测传感器时,传感器动作,触发废料分拣气缸电磁阀得电,当到达废料分拣气缸位置时即被推到辅传送带上。

2. 程序调试

根据任务的不同,需要灯带闪亮的频率不同。当检测不同颗粒数及不同瓶盖颜色后,对灯带闪亮的频率有一定的规律。显示结果程序如图 8-19 所示。

当传感器检测到不同颗粒数及不同瓶盖颜色后,拱形门灯带会给出不同频率的闪亮,这是用定时器组成不同频率的程序。频率设定程序如图 8-20 所示。

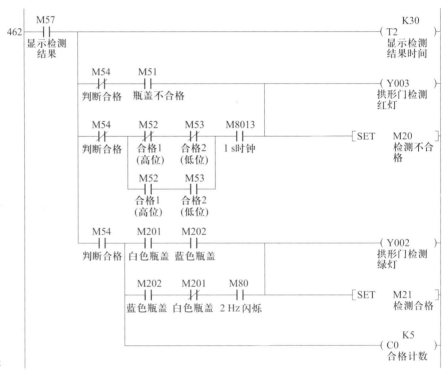

图 8-19　显示结果程序

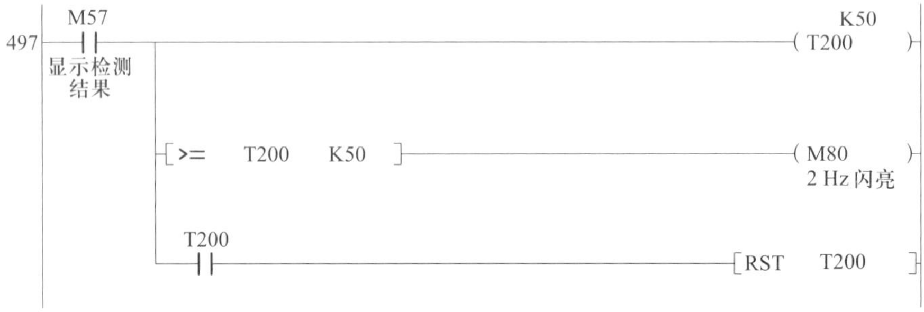

图 8-20　频率设定程序

任务 8-4 检测分拣单元人机界面的设计与测试

任务描述

按控制功能的要求,设计符合功能要求的人机界面,实现手动控制、单周期运行、自动运行,能够显示和满足联机控制的要求。

任务实施

检测分拣单元人机界面如图 8-21 所示。输入信息为 1 时指示灯为绿色;输入信息为 0 时指示灯保持灰色。按钮强制输出 1 时为红色;按钮强制输出 0 时为灰色。触摸屏上设置一个手动模式 / 自动模式按钮,只有在该按钮被按下,且单元处于"单机"状态时,手动强制输出控制按钮才有效。

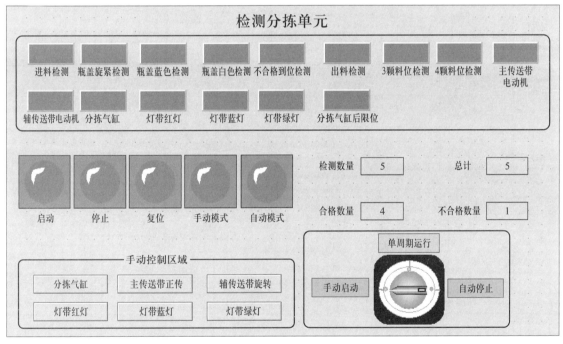

图 8-21 检测分拣单元人机界面

检测分拣单元监控画面数据监控见表 8-6。按表 8-6 连接关联变量,满足功能测试的要求。

表 8-6　检测分拣单元监控画面数据监控

作用	名称	关联变量	功能说明	配分	得分
指示灯显示	启动	设备 0_读写 M0112	启动状态指示灯	4	
	停止	设备 0_读写 M0113	停止状态指示灯	4	
	复位	设备 0_读写 M0114	复位状态指示灯	4	
	单/联机	设备 0_读写 M0115	单/联机状态指示灯	4	
	进料检测	设备 0_读写 M0116	传送带进料检测指示灯	4	
	瓶盖旋紧检测	设备 0_读写 M0117	瓶盖旋紧检测指示灯	4	
	瓶盖蓝色检测	设备 0_读写 M0119	瓶盖蓝色检测指示灯	4	
	瓶盖白色检测	设备 0_读写 M0120	瓶盖白色检测指示灯	4	
	不合格到位检测	设备 0_读写 M0121	不合格到位检测指示灯	4	
	出料检测	设备 0_读写 M0122	传送带出料检测指示灯	4	
	分拣气缸后限位	设备 0_读写 M0123	分拣气缸后限位检测指示灯	4	
	3 颗料位检测	设备 0_读写 M0124	3 颗料位检测指示灯	4	
	4 颗料位检测	设备 0_读写 M0125	4 颗料位检测指示灯	4	
	主传送带电动机	设备 0_读写 M0100	主传送带电动机指示灯	5	
	辅传送带电动机	设备 0_读写 M0101	辅传送带电动机指示灯	5	
	灯带红灯	设备 0_读写 M0102	拱形门灯带红灯指示灯	4	
	灯带蓝灯	设备 0_读写 M0103	拱形门灯带蓝灯指示灯	4	
	灯带绿灯	设备 0_读写 M0104	拱形门灯带绿灯指示灯	4	
按钮操作	主传送带正转	设备 0_读写 M0100	主传送带正转手动输出	5	
	辅传送带旋转	设备 0_读写 M0101	辅传送带旋转手动输出	5	
	分拣气缸	设备 0_读写 M0102	分拣气缸手动输出	4	
	灯带红灯	设备 0_读写 M0103	拱形门灯带红灯手动输出	4	
	灯带蓝灯	设备 0_读写 M0104	拱形门灯带蓝灯手动输出	4	
	灯带绿灯	设备 0_读写 M0105	拱形门灯带绿灯手动输出	4	

任务评价

对任务的实施情况进行评价,评分内容及结果见表 8-7。

表 8-7 任务 8-4 评分内容及结果

	_____学年			任务形式 □个人 □小组分工 □小组	工作时间 _____min	
任务名称	内容分值			评分标准	学生 自评	教师 评分
检测分拣 单元人机 界面的设计 与测试	型号选择 (5分)	工作步骤及 电路图样 (5分)		PLC 和触摸屏型号选择是否正确		
	电路连接 (15分)	正确完成 PLC 和 触摸屏之间的 通信连接 (15分)		PLC 和触摸屏是否可以正确连接,通信参数 是否设置正确		
	画面的绘制 (30分)	按要求完成 组态画面 (30分)		能否按照要求绘制画面,少绘或错绘一个扣 2分,扣完为止		
	功能测试 (40分)	完成正确的功能的 测试(40分)		进料检测传感器 X00 有且功能正确		
				旋紧检测传感器 X01 有且功能正确		
				瓶盖蓝色检测传感器 X03 有且功能正确		
				瓶盖白色检测传感器 X04 有且功能正确		
				不合格到位检测传感器 X05 有且功能正确		
				出料检测传感器 X06 有且功能正确		
				分拣气缸后限位 X07 有且功能正确		
				3 颗料位检测 X14 有且功能正确		
				4 颗料位检测 X15 有且功能正确		
				主传送带电动机启停 Y00 有且功能正确		
				辅传送带电动机启停 Y01 有且功能正确		
				拱形门灯带亮绿色 Y02 有且功能正确		
				拱形门灯带亮红色 Y03 有且功能正确		
				拱形门灯带亮蓝色 Y04 有且功能正确		
				分拣气缸电磁阀 Y05 有且功能正确		
				系统总控画面切换按钮有且功能正确		

续表

任务名称	内容分值		评分标准	学生自评	教师评分
检测分拣单元人机界面的设计与测试	安全文明生产（10分）	劳动保护用品穿戴整齐；遵守操作规程；讲文明礼貌；操作结束要清理现场（10分）	（1）操作中，违反安全文明生产考核要求的任何一项扣5分，扣完为止； （2）当发现有重大事故隐患时，须立即予以制止，并每次扣安全文明生产总分5分； （3）穿戴不整洁，扣2分；设备不会还原，扣5分；现场不清理，扣5分		
合计					

学生：_____ 老师：_____ 日期：_____

📎 任务拓展

在设计完成的组态画面上，增加检测分拣单元的过程性功能：显示检测数量并统计输出、合格与不合格实时显示、不合格品超出提醒弹出框。完成动画连接及脚本程序编写。

检测分拣单元任务拓展示例如图8-22所示。

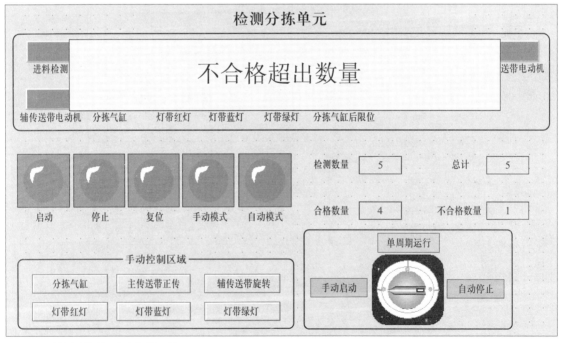

图8-22　检测分拣单元任务拓展示例

任务 8-5　检测分拣单元故障诊断与排除

任务描述

检测分拣单元主要任务是对物料瓶及物料颗粒进行检测,进而分拣出合格与不合格产品,由设备刚组装完成,但存在故障,不能正常运行。根据所学知识,查找故障,并记录排除故障的操作步骤。

视频:检测分拣单元故障示例

任务实施

观察故障现象,分析故障原因,编写故障分析流程,填写排除故障 1 ~ 故障 3 操作记录卡,见表 8-8 ~ 表 8-10。

表 8-8　排除故障 1 操作记录卡

故障现象	设备上电后,监测到 PLC 的 Y0 有输出信号,电动机不动作
故障分析	
故障排除	

表 8-9　排除故障 2 操作记录卡

故障现象	瓶盖颜色检测错误
故障分析	
故障排除	

表 8-10　排除故障 3 操作记录卡

故障现象	颗粒数量检测错误
故障分析	
故障排除	

任务评价

对任务的实施情况进行评价,评分内容及结果见表 8-11。

表 8-11 任务 8-5 评分内容及结果

_____学年		任务形式 □个人 □小组分工 □小组	工作时间 _____min	
任务名称	内容分值	评分标准	学生 自评	教师 评分
检测分拣 单元故障 诊断与排除	使用工具正确 （10 分）	使用工具不正确,扣 10 分		
	应用方法正确 （30 分）	(1) 不会直观观察,扣 10 分; (2) 不会电压法,扣 10 分; (3) 不会电流法,扣 10 分		
	排除故障思路清晰 （30 分）	(1) 排除故障思路不清晰,扣 10 分; (2) 故障范围扩大,扣 20 分		
	正确排除故障 （20 分）	只能找到故障但不能排除故障或排除方法不对,扣 20 分		
	劳动保护用品穿戴 整齐;遵守操作 规程;讲文明礼貌; 操作结束要 清理现场 （10 分）	(1) 操作中,违反安全文明生产考核要求的任何一项 扣 5 分; (2) 当发现有重大事故隐患时,须立即予以制止,并每 次扣安全文明生产总分 5 分; (3) 穿戴不整洁,扣 2 分;设备不会还原,扣 5 分;现场 不清理,扣 5 分		
合计				

学生:_____ 老师:_____ 日期:_____

🏷️ **任务拓展**

检测分拣单元常见故障见表 8-12,根据表 8-12 设置的故障,编写故障排除流程,独立排除故障。

表 8-12 检测分拣单元故障

序号	故障现象	故障原因	故障排除
1	传送带不转		
2	传送带反转		
3	按钮板的指示灯不亮		
4	拱形门灯带不亮		
5	分拣气缸不动作		
6	传感器不检测		

任务9　机器人搬运单元的安装、编程、调试与维护

SX-815Q 机电一体化综合实训设备的机器人搬运单元用型号为 H2U-3232MT 的 PLC 和 ABB 的 IRB 120 机器人实现电气控制,机器人搬运单元如图 9-1 所示。完成如下操作:

（1）本单元控制挂板及桌面机构的安装,以及标签台装置、盒底供送装置的机械安装;

（2）根据电气原理图和气路图,完成机器人搬运单元的电路和气路连接;

（3）按照单元功能,设备得到"启动"信号后,挡料气缸伸出,同时推料气缸 A 将包装盒推出到装箱台上;机器人开始从搬运工作站的出料位将物料瓶搬运到物料盒中;包装盒中装满 4 个物料瓶后,机器人再用吸盘将包装盒盖吸取并盖到物料盒上;机器人最后根据装入包装盒内 4 个物料瓶盖颜色的顺序,依次将与物料瓶盖颜色相同的标签贴到盒盖的标签位上,贴完 4 个标签后等待成品入库;

（4）利用人机界面设计本单元的手动、自动、单周期的运行功能,并能实时的进行控制和显示;

（5）对安装中设备出现的故障进行查找及排除,并对设备进行调试,使其运行顺畅,满足控制功能的要求,同时根据故障现象,准确分析故障原因及部位,排除故障,并记录故障排除的操作步骤。

动画:机器人搬运
单元运行

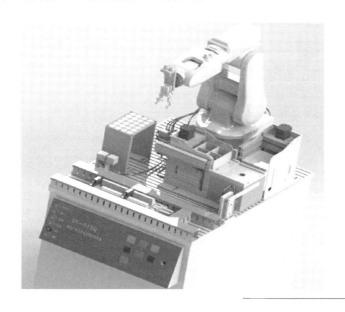

图 9-1　机器人搬运单元

任务 9-1 机器人搬运单元机械结构件的组装与调整

✎ 任务描述

根据机器人搬运单元的总装效果(见图 9-1),完成机器人搬运单元中的盒盖升降台机构的零部件安装,并完成该机构的定位,将其合理地安装在机器人搬运单元相应的位置上。

▭ 任务实施

1. 盒底供送装置

盒底供送装置是由步进电动机、丝杠、轴承、电磁阀、推料气缸和各个配件等组成。其整体结构如图 9-2 所示,零件构成如图 9-3 所示。

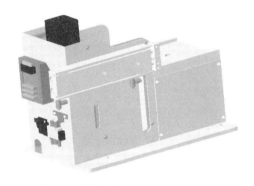

图 9-2 盒底供送装置整体结构

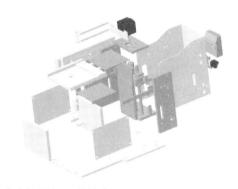

图 9-3 盒底供送装置零件构成

动画:盒底供送装
置安装过程

工作时,首先步进电动机旋转丝杠把物料盒抬起,然后推料气缸把盒底推到物料台上。在安装时要求正确选择工具,安装步骤正确,不要返工,安装牢靠紧实,符合安装操作的规定。

2. 盒盖供送装置

盒盖供送装置是由步进电动机、丝杠、轴承、电磁阀、推料气缸和配件等组成,安装步骤与盒底供送装置类似。

3. 机器人夹具

视频:盒底供送装
置安装示范

机器人夹具是由吸盘固定板、气手指、爪手和吸盘组成。其整体结构如图 9-4 所示,零件构成如图 9-5 所示,工作时,气手指动作带动爪手夹取物料;吸盘吸取标签贴入盒盖相应处。

图 9-4　机器人夹具整体结构

图 9-5　机器人夹具零件构成

文本:盒底供送装置安装步骤

文本:机器人夹具安装步骤

动画:机器人搬运单元整体安装与调试

4. 桌面布局

　　将组装好的标签台和盒底定位装置、盒底供送装置、盒盖供送装置和机器人夹具按照合适的位置安装到型材板上,以组成机器人搬运单元的机械结构件,桌面布局如图 9-6 所示。

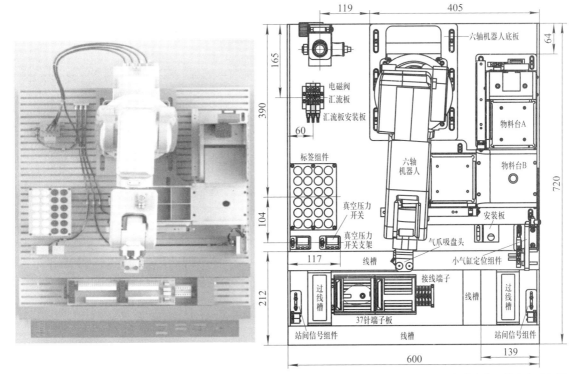

图 9-6　机器人搬运单元桌面布局

任务评价

对任务的实施情况进行评价,评分内容及结果见表 9-1。

表 9-1 任务 9-1 评分内容及结果

_____学年			任务形式 □个人 □小组分工 □小组	工作时间 _____min	
任务名称	内容分值		评分标准	学生 自评	教师 评分
机器人搬运单元机械结构件的组装与调整	标签台和盒底定位安装 (30分)	支撑架安装牢固 (10分)	(1)螺钉安装不牢固,每个扣1分,扣完为止; (2)支撑架安装不牢固,扣5分		
		标签台合适 (10分)	(1)标签台螺钉漏装,扣4分; (2)标签台装反,扣6分		
		盒底定位装置安装合适(10分)	(1)气缸不牢固,扣5分; (2)电池阀不正常工作,扣5分		
	盒底供送装置安装 (35分)	步进电动机安装牢固(15分)	(1)步进电动机螺丝太松,扣5分; (2)步进电动机运转不灵活:如卡顿、异音现象,扣10分		
		物料台装置安装 (10分)	(1)物料台松动安装不牢固,扣5分; (2)螺钉漏装,一次扣1分		
		推料气缸安装牢固 (10分)	(1)推料气缸安装不牢固,扣5分; (2)电池阀、接线端子排漏装,扣5分		
	盒盖供送装置安装 (25分)	步进电动机安装牢固 (15分)	(1)步进电动机螺钉太松,扣5分; (2)步进电动机运转不灵活:如卡顿、异音现象,扣10分		
		推料气缸安装牢固 (10分)	(1)推料气缸安装不牢固,扣5分; (2)电池阀、接线端子排漏装,扣5分		
	安全文明生产 (10分)	劳动保护用品穿戴整齐;遵守操作规程;讲文明礼貌;操作结束要清理现场 (10分)	(1)操作中,违反安全文明生产考核要求的任何一项扣5分,扣完为止; (2)当发现有重大事故隐患时,须立即予以制止,并每次扣安全文明生产总分5分; (3)穿戴不整洁,扣2分;设备会不还原,扣5分;现场不清理,扣5分		
	合计				

查阅相关资料,了解更多工业机器人应用案例。

任务 9-2　机器人搬运单元电路与气路的连接及操作

任务描述

根据 SX-815Q 机电一体化综合实训设备的机器人搬运单元的电气原理图、气路图和电气元件布局,完成桌面上所有与 PLC 输入、输出有关的执行元件的电气连接和气路连接,确保各气缸运行顺畅、平稳和电气元件的功能实现。

任务实施

1. 电气原理图

机器人搬运单元电气原理图如图 9-7 所示。

2. 电气元件布局的设计

实施电路接线之前,首先规划好元器件的布局,再根据布局固定各个电气元件,电气元件布局要合理,固定要牢靠,配电控制盘上的各电气元件安装布局,其布局如图 9-8 所示。配电控制盘用槽板分为三个部分,上部为接线端子;中部为 24 V 直流电源、步进驱动器;下部依次为漏电保护器、电源插座、接触器、熔断器、继电器、PLC。

3. 气路设计

各单元的气路采用并联模式,空气压缩机气路通过 T 型三通连接到各个单元的气动三联件中。每个单元可以自行调节各自的气压,气动三联件将气通过三通接出多条气路,最终连接到单元中各个电磁转换阀中。再由电磁转换阀将气连接到气缸两端。

气路安装前需详细阅读气路原理图,将气路的走向、使用的元器件的数量及位置一一记录。气路安装时要依从安全、美观及节省材料的原则来实施,本单元的气路图如图 9-9 所示。

4. 安装实施

(1)挂板电气元件的安装

挂板电气元件的安装说明与颗粒上料单元安装类似,见表 6-4。

文本:机器人搬运单元步进驱动器接线步骤

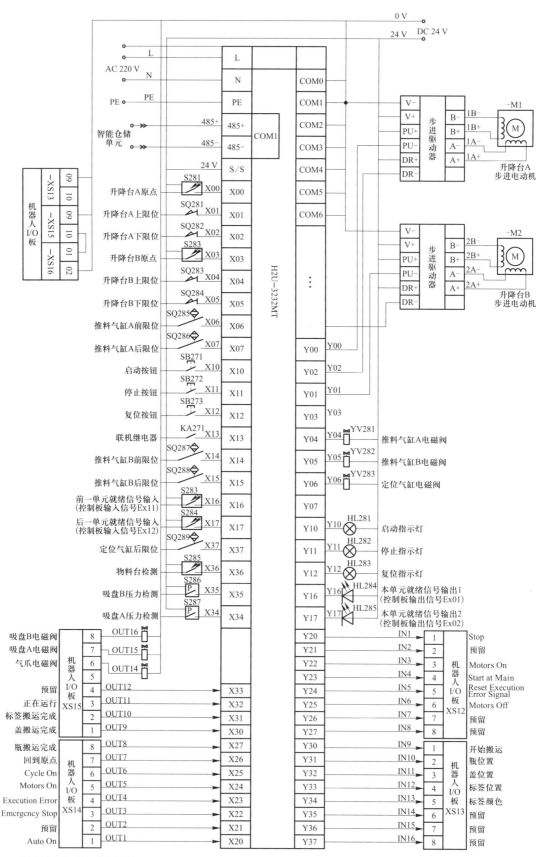

图 9-7　机器人搬运单元电气原理图

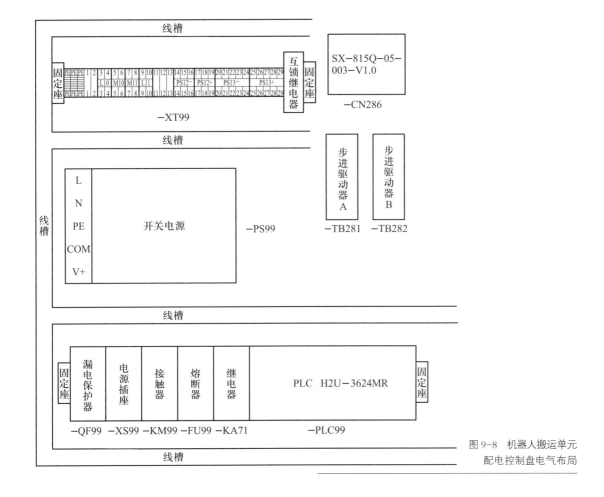

图 9-8 机器人搬运单元配电控制盘电气布局

（2）电路连接

机器人搬运单元中电路连接可分为 PLC 电路、按钮板接线电路、挂板接线电路、机械模型接线电路四个部分。各部分通过接头线缆相互连接。

桌面上电气元件按其功能安装在相应的执行机构上，主要包括升降台 A、升降台 B 上下限位置及原点位置检测开关，以及气动执行元件的电磁阀线圈等，电气元件的安装要固定牢靠，安装位置准确。

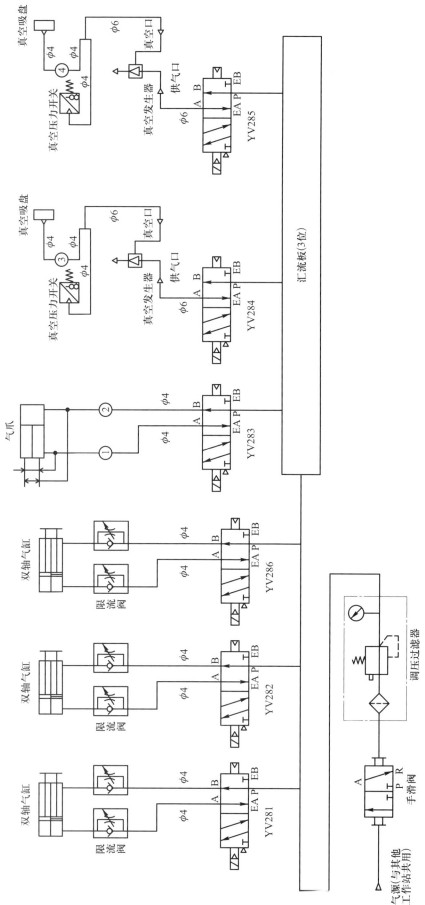

图 9-9　机器人搬运单元气路图

（3）控制电路安装

桌面 37 针端子板 CN310 端子分配见表 9-2,桌面 37 针端子板 CN311 端子分配见表 9-3,分别连接升降台 A、升降台 B 部件的信号接线和机器人控制器与 PLC 的接线。

表 9-2　桌面 37 针端子板 CN310 端子分配

接口板 CN310 地址	线号	功能描述
XT3-0	X00	升降台 A 原点传感器
XT3-1	X01	升降台 A 上限位（常闭）
XT3-2	X02	升降台 A 下限位（常闭）
XT3-3	X03	升降台 B 原点传感器
XT3-4	X04	升降台 B 上限位（常闭）
XT3-5	X05	升降台 B 下限位（常闭）
XT3-6	X06	推料气缸 A 前限位
XT3-7	X07	推料气缸 A 后限位
XT3-8	FZA	升降台 A 上限位（常开）
XT3-9	ZZA	升降台 A 下限位（常开）
XT3-10	FZB	升降台 B 上限位（常开）
XT3-11	ZZB	升降台 B 下限位（常开）
XT3-12	X14	推料气缸 B 前限位
XT3-13	X15	推料气缸 B 后限位
XT3-14	X16	前一单元就绪信号输入
XT3-15	X17	后一单元就绪信号输入
XT2-4	J04	升降台气缸 A 控制
XT2-5	J05	升降台气缸 B 控制
XT2-6	Y06	定位气缸电磁阀
XT2-14	Y16	本单元就绪信号输出 1
XT2-15	Y17	本单元就绪信号输出 2
XT1\XT4	PS13+（+24 V）	24 V 电源正极
XT5	PS13-（0 V）	24 V 电源负极

表 9-3 桌面 37 针端子板 CN311 端子分配

接口板 CN311 地址	线号	功能描述
XT3-0	PS13-（0 V）	24 V 电源负极
XT3-1	OUT1	Auto On 机器人处于自动模式
XT3-2	OUT2	预留
XT3-3	OUT3	Emergency Stop 机器人急停中
XT3-4	OUT4	Execution Error 机器人报警
XT3-5	PS13-（0 V）	24 V 电源负极
XT3-6	OUT5	Motors On 机器人电动机上电
XT3-7	OUT6	Cycle On 机器人程序正在运行中
XT3-8	OUT7	回到原点位置
XT3-9	OUT8	瓶搬运完成
XT3-10	PS13-（0 V）	24 V 电源负极
XT3-11	OUT9	盖搬运完成
XT3-12	OUT10	标签搬运完成
XT3-13	OUT11	正在运行
XT3-14	OUT12	预留
XT3-15	PS13+（24 V）	24 V 电源正极
XT3-16	X34	吸盘 A
XT3-17	X35	吸盘 B
XT3-18	X36	物料台传感器
XT3-19	X37	定位气缸后限位
XT2-0	IN1	Stop 机器人程序停止运行
XT2-1	IN2	预留
XT2-2	IN3	Motors On 机器人电动机上电
XT2-3	IN4	Start at Main 从机器人主程序启动
XT2-4	IN5	Reset Execution Error Signal 机器人报警复位
XT2-5	IN6	Motors Off 机器人电动机下电
XT2-6	IN7	预留
XT2-7	IN8	预留
XT2-8	IN9	机器人开始搬运
XT2-9	IN10	瓶位置
XT2-10	IN11	盖位置
XT2-11	IN12	标签位置
XT2-12	IN13	标签颜色区别
XT2-13	IN14	预留
XT2-14	IN15	预留
XT2-15	IN16	预留
XT1\XT5	PS13-（0 V）	24 V 电源负极
XT4	PS13+（24 V）	24 V 电源正极

5. 气路连接

机器人搬运单元的气路共使用了 6 个单电控二位五通电磁换向阀,分别控制推料气缸 A、推料气缸 B、挡料气缸、气动手抓和两个吸盘的动作,气路的安装在此不赘述。

🛈 任务评价

对任务的实施情况进行评价,评分内容及结果见表 9-4。

表 9-4 任务 9-2 评分内容及结果

_____学年			任务形式 □个人 □小组分工 □小组		工作时间 _____min	
任务名称	内容公值		评分标准		学生 自评	教师 评分
机器人搬运单元电路与气路的连接及操作	传感器的安装 (20 分)	X10	启动状态指示灯有,且功能正确			
		X11	停止状态指示灯有,且功能正确			
		X12	复位状态指示灯有,且功能正确			
		X13	单 / 联机状态指示灯有,且功能正确			
		X00	升降台 A 原点有,且功能正确			
		X01	升降台 A 上限位有,且功能正确			
		X02	升降台 A 下限位有,且功能正确			
		X03	升降台 B 上限位有,且功能正确			
		X04	升降台 B 原点有,且功能正确			
		X05	升降台 B 下限位有,且功能正确			
		X06	推料气缸 A 前限位有,且功能正确			
		X07	推料气缸 A 后限位有,且功能正确			
		X34	真空开关 A 有,且功能正确			
		X35	真空开关 B 有,且功能正确			
		X36	出料物料检测有,且功能正确			
		X37	定位气缸后限有,且功能正确			
		Y04	推料气缸有,且功能正确			
		Y06	定位气缸有,且功能正确			
	电气连接工艺 (70 分)	零件齐全,零件安装部位正确;缺少零件,零件安装部位不正确,每处扣 2 分,扣完为止				
		型材主体与脚架立板垂直,2 分;不成直角,每处 1 分,扣完为止				
		各配件固定螺钉紧固,无松动,1 分;固定螺钉松动,每处扣 1 分,扣完为止				
		紧固螺钉垫片,1 分;缺垫片,每处扣 1 分,扣完为止				

任务名称	内容公值	评分标准	学生自评	教师评分
机器人搬运单元电路与气路的连接及操作	电气连接工艺（70分）	主动轮与从动轮调整到位，传送带松紧符合要求，运行时皮带不打滑		
		同步轮紧定螺钉发生滑牙、滑扣现象，每处扣1分，扣完为止		
		颜色确认检测传感器与传送带上颗粒间距合理，1分；每处不合理扣1分		
		导线进入行线槽，每个进线口导线分布合理、整齐，单根电线直接进入走线槽，且不交叉，不合理每处1分，扣完为止		
		每根导线对应一位接线端子，并用线鼻子压牢，不合格每处扣1分，扣完为止		
		端子进线部分，每根导线应套用号码管，不合格每处扣1分，扣完为止		
		每个号码管应进线合理编号，不合格每处扣1分，扣完为止		
		扎带捆扎间距为50～80 mm，且同一线路上捆扎间隔相同，不合格每处扣1分，扣完为止		
		绑扎带切割不能留余太长，应小于1 mm且不割手，若不符合要求每处扣1分，扣完为止		
		接线端子金属裸露不超过2 mm，不合格每处扣1分，扣完为止		
		气路、电路捆扎在一起，每处扣1分，扣完为止		
		气管过长或过短（气管与接头平行部分不超过20 mm），不合格每处扣1分，扣完为止		
		气路连接错误、气路走向不合理、出现漏气，不合格每处扣1分，扣完为止		
	安全文明生产（10分）	劳动保护用品穿戴整齐；遵守操作规程；讲文明礼貌；操作结束要清理现场（10分）	（1）操作中，违反安全文明生产考核要求的任何一项扣5分，扣完为止；（2）当发现有重大事故隐患时，须立即予以制止，并每次扣安全文明生产总分5分；（3）穿戴不整洁，扣2分；设备不会还原，扣5分；现场不清理，扣5分		
合计				

学生：_____ 老师：_____ 日期：_____

任务拓展

查阅相关资料，了解更多 ABB 工业机器人特性。

任务 9-3 机器人编程与示教操作

任务描述

任务 9-1 和任务 9-2 已将设备的机械结构件进行了组装，并对电路和气路部分进行了组装。本任务在了解相关理论知识的基础上,根据设备运行的要求,示教机器人点位信息,编写机器人控制程序,并进行调试,使设备能够正常运行。

动画:机器人搬运
单元运行

1. 物料瓶搬运功能

机器人从机器人搬运单元的出料位将物料瓶搬运到包装盒中,合理规划路径,搬运过程中不得与任何机构发生碰撞。

(1)机器人搬运完一个物料瓶后,若检测机器人搬运单元的出料位无物料瓶,则机器人回到原点位置 pHome 等待,等出料位有物料瓶,再进行下一个的抓取。

(2)机器人搬运完一个物料瓶后,若检测机器人搬运单元的出料位有物料瓶等待抓取,则机器人无须再回到原点位置 pHome,可直接进行抓取,提高效率。

(3)包装盒中装满 4 个物料瓶后,机器人回到原点位置 pHome,即使检测机器人搬运单元的出料位有物料瓶,机器人也不再进行抓取,4个物料瓶工位示意图如图 9-10 所示。

机器人抓取物料瓶示意图如图 9-11 所示,机器人放开物料瓶示意图如图 9-12 所示。

图 9-10　4 个物料瓶工位
示意图

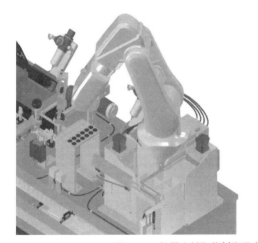

图 9-11　机器人抓取物料瓶示意图

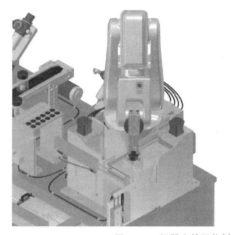

图 9-12　机器人放开物料瓶示意图

2. 包装盒盖搬运功能

机器人从原点位置 pHome 到包装盒盖位置,用吸盘吸取包装盒盖并盖到包装盒上,合理规划路径,加盖过程中不得与任何机构发生碰撞,盖好后回到原点位置 pHome,机器人吸盖示意图如图 9-13 所示,机器人放盖示意图如图 9-14 所示。

3. 标签搬运功能

机器人从原点位置 pHome 到标签台位置,用吸盘依次将两个白色和两个蓝色标签吸取并贴到包装盒盖上,合理规划路径,贴标签过程中不得与任何

157

机构发生碰撞。标签摆放及吸取顺序示意图如图 9-15 所示。

机器人每贴完一个标签,无须回到原点位置 pHome,贴满 4 个标签后回到原点位置 pHome,机器人贴标签顺序示意图如图 9-16 所示。

机器人吸取标签示意图如图 9-17 所示,机器人贴标签示意图如图 9-18 所示。

图 9-13 机器人吸盖示意图

图 9-14 机器人放盖示意图

图 9-15 标签摆放及吸取顺序示意图

图 9-16 机器人贴标签顺序示意图

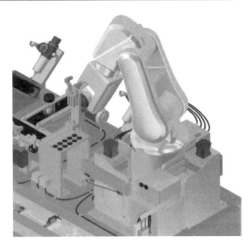

图 9-17 机器人吸取标签示意图

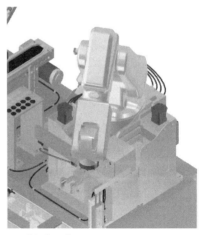

图 9-18 机器人贴标签示意图

任务实施

1. 机器人控制器 I/O 分配

在任务 9-2 中,机器人控制器已经通过专用电缆与 PLC 进行连接,控制器的 I/O 信号分配见表 9-5。

表 9-5　机器人控制器 I/O 分配表

序号	输入		序号	输出	
	A 端(机器人端)	B 端(PLC 端)		A 端(机器人端)	B 端(PLC 端)
1	IN1	Y20(Stop 机器人程序停止运行)	1	OUT1	X20(Auto On 机器人处于自动模式)
2	IN2	Y21	2	OUT2	X21
3	IN3	Y22(Motors On 机器人电动机上电)	3	OUT3	X22(Emergency Stop 机器人急停中)
4	IN4	Y23(Start at Main 从机器人主程序启动)	4	OUT4	X23(Execution Error 机器人报警)
5	IN5	Y24(Reset Execution Error 机器人报警复位)	5	OUT5	X24(Motors On 机器人电动机上电)
6	IN6	Y25(Motors Off 机器人电动机下电)	6	OUT6	X25(Cycle On 机器人程序正在运行中)
7	IN7	Y26(预留)	7	OUT7	X26(回到原点位置)
8	IN8	Y27(预留)	8	OUT8	X27(瓶搬运完成)
9	IN9	Y30(机器人开始搬运)	9	OUT9	X30(盖搬运完成)
10	IN10	Y31(瓶位置)	10	OUT10	X31(标签搬运完成)
11	IN11	Y32(盖位置)	11	OUT11	X32(正在运行)
12	IN12	Y33(标签位置)	12	OUT12	X33(预留)
13	IN13	Y34(标签颜色区别)	13	OUT13	预留
14	IN14	Y35	14	OUT14	气爪
15	IN15	Y36	15	OUT15	吸盘 A
16	IN16	Y37	16	OUT16	吸盘 B

注：序号 1~8 对应控制器 I/O 接口 XS12（输入）、XS14（输出）；序号 9~16 对应控制器 I/O 接口 XS13（输入）、XS15（输出）。

2. 系统输入设定

系统输入设定的操作步骤见表 9-6。

表 9-6　系统输入设定的操作步骤

序号	步骤	图示及说明
1	打开"ABB"菜单	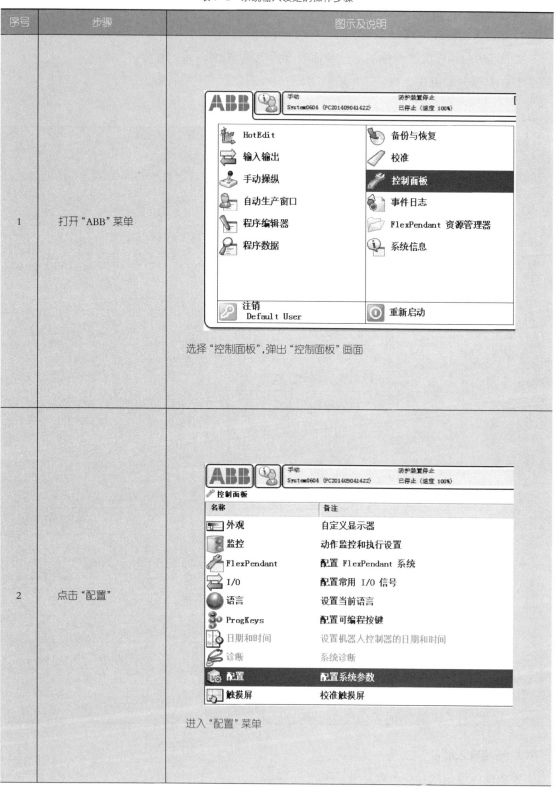 选择"控制面板",弹出"控制面板"画面
2	点击"配置"	进入"配置"菜单

续表

序号	步骤	图示及说明
3	选择菜单中的"Symtem Input"	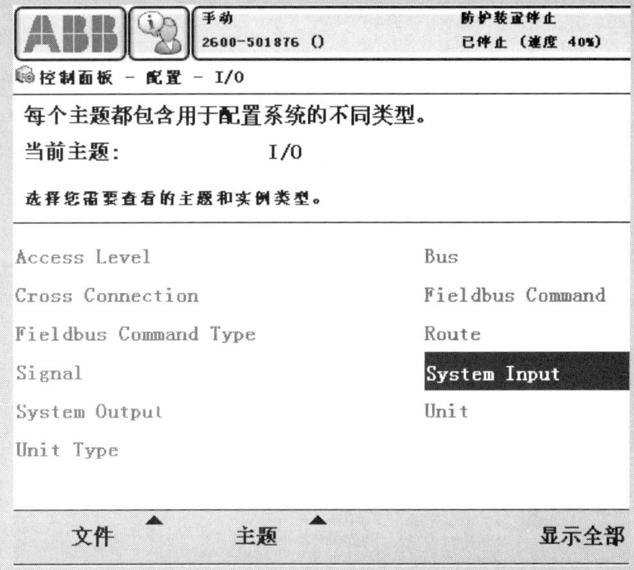 **ABB** 手动　2600-501876 ()　防护装置停止　已停止（速度 40%） 控制面板 - 配置 - I/O 每个主题都包含用于配置系统的不同类型。 当前主题：　　　　I/O 选择您需要查看的主题和实例类型。 Access Level　　　　　　Bus Cross Connection　　　　Fieldbus Command Fieldbus Command Type　Route Signal　　　　　　　　　**System Input** System Output　　　　　Unit Unit Type 文件　　主题　　　　　　显示全部
4	点击"添加"	 **ABB** 手动　2600-501876 ()　防护装置停止　已停止（速度 40%） 控制面板 - 配置 - I/O - System Input 目前类型：　　　　System Input 新增或从列表中选择一个进行编辑或删除。 DI10_2_MotorOn　　　　DI10_3_StartMain DI10_6_Stop　　　　　　DI10_7_MotorOff DI10_4_Start 编辑　　**添加**　　删除 进入"Symtem Input"后对所需要的系统控制信号进行关联

序号	步骤	图示及说明
5	点击机器人 I/O "Signal Name" 进行设定	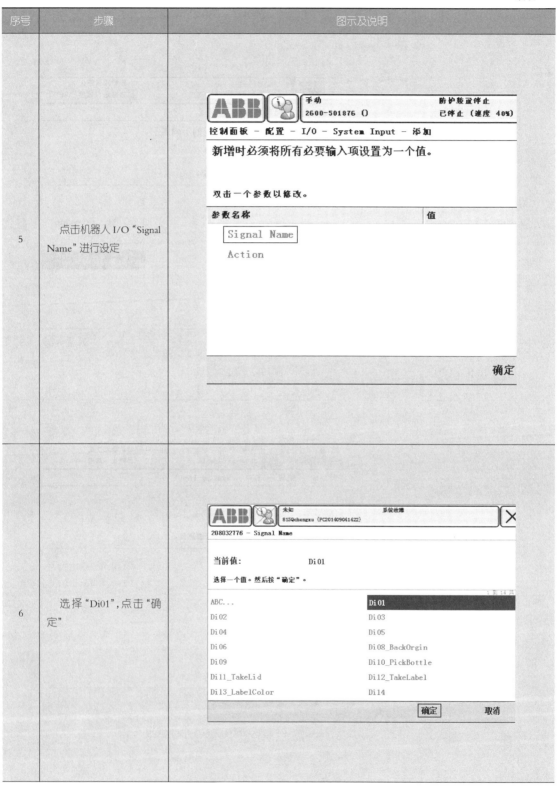
6	选择 "Di01"，点击"确定"	

续表

序号	步骤	图示及说明
7	点击机器人 I/O "Action" 进行设定	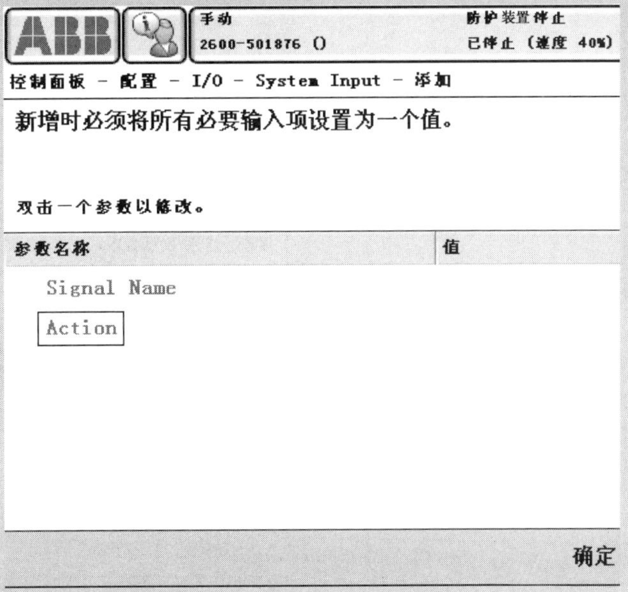 ABB 手动 2600-501876 () 防护装置停止 已停止（速度 40%） 控制面板 - 配置 - I/O - System Input - 添加 新增时必须将所有必要输入项设置为一个值。 双击一个参数以修改。 参数名称　　　　　　　　　　值 Signal Name Action 确定
8	选中 "Motors On"，点击 "确定"	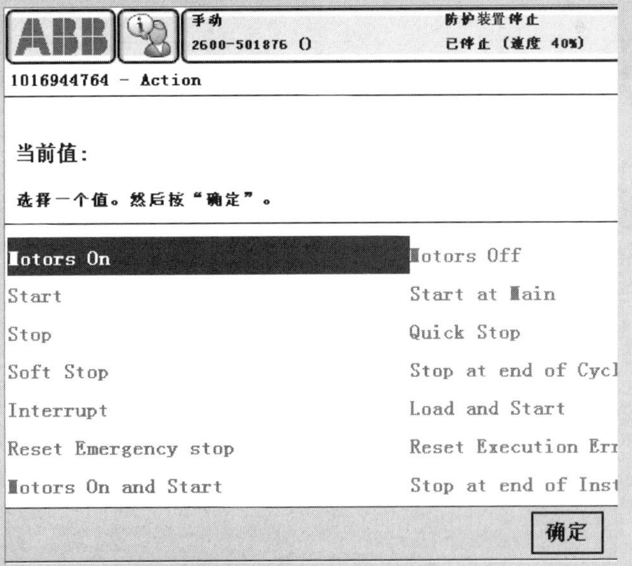 ABB 手动 2600-501876 () 防护装置停止 已停止（速度 40%） 1016944764 - Action 当前值： 选择一个值。然后按 "确定"。 Motors On　　　　　　　Motors Off Start　　　　　　　　　Start at Main Stop　　　　　　　　　　Quick Stop Soft Stop　　　　　　　Stop at end of Cycl Interrupt　　　　　　　Load and Start Reset Emergency stop　Reset Execution Err Motors On and Start　 Stop at end of Inst 确定

序号	步骤	图示及说明
9	设定完成,点击"确定"	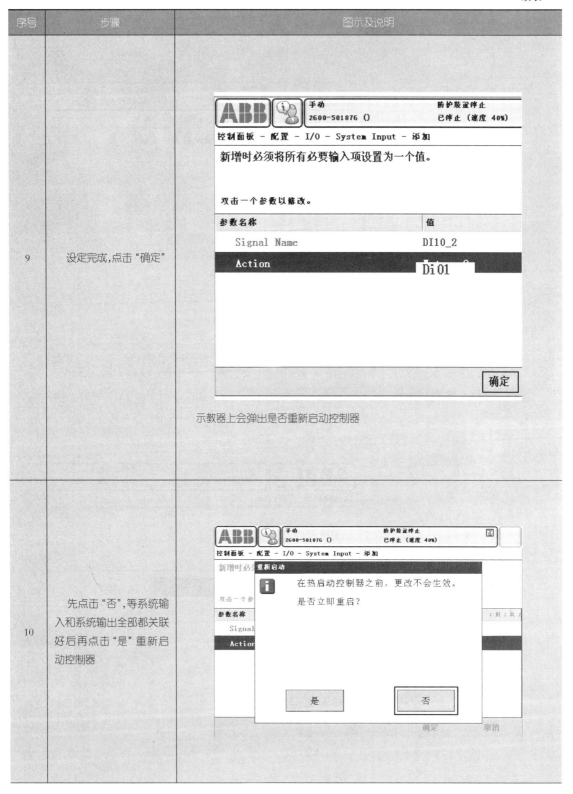
10	先点击"否",等系统输入和系统输出全部都关联好后再点击"是"重新启动控制器	

序号	步骤	图示及说明
11	按照以上系统输入关联设定方法,对其他关联信号进行设定	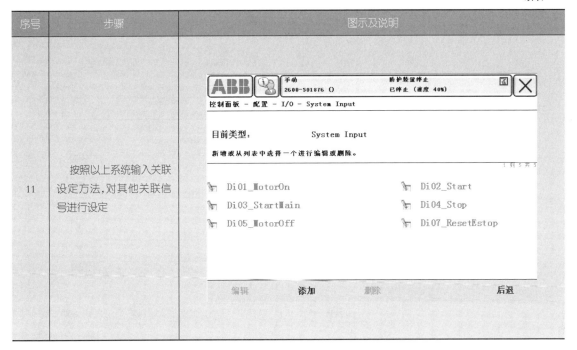

3. 工具坐标与工件坐标的创建

（1）创建工具数据 Tooldata

机器人建立工具坐标的操作步骤见表9–7。

表9–7 机器人建立工具坐标的操作步骤

序号	步骤	图示及说明
1	打开"ABB"菜单,进入"手动操纵",选择"工具坐标"中的"新建"	

序号	步骤	图示及说明
2	设定参数,点击"确定"	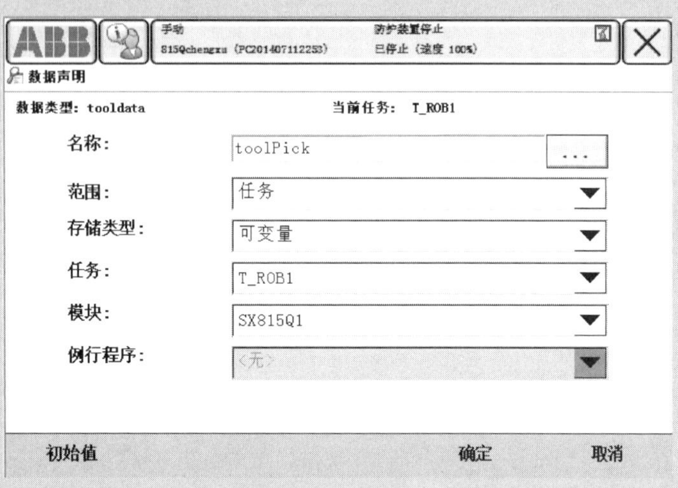 分别设定"名称""范围""存储类型""任务""模块"等(名称以"toolPick"为例)
3	选择 toolPick,点击"编辑"中的"更改值"	 对 toolPick 工具数据进行设定

续表

序号	步骤	图示及说明
4	设置所需要的参数,点击"确定"	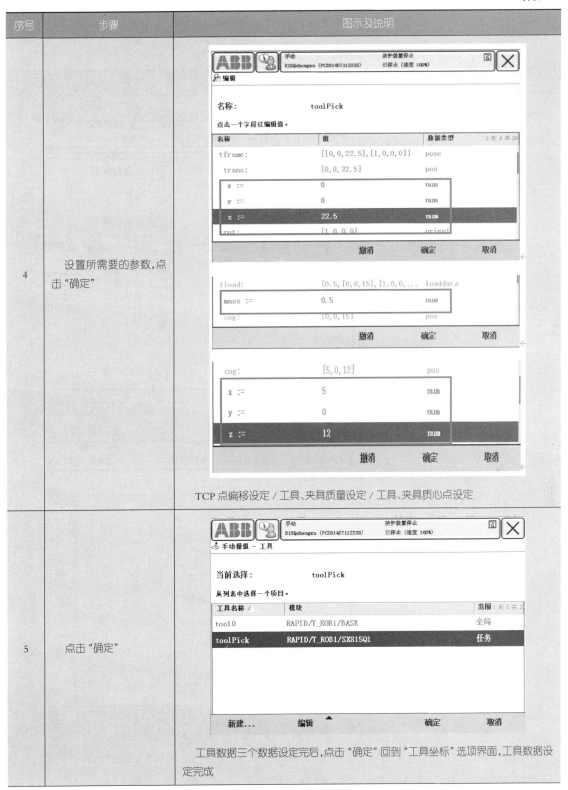 TCP 点偏移设定 / 工具、夹具质量设定 / 工具、夹具质心点设定
5	点击"确定"	工具数据三个数据设定完后,点击"确定"回到"工具坐标"选项界面,工具数据设定完成

（2）创建工件坐标数据 WobjLabel

机器人建立工件坐标的操作步骤见表 9-8。

表 9-8　机器人建立工件坐标的操作步骤

序号	步骤	图示及说明
1	手动模式下打开示教器"手动操纵"界面	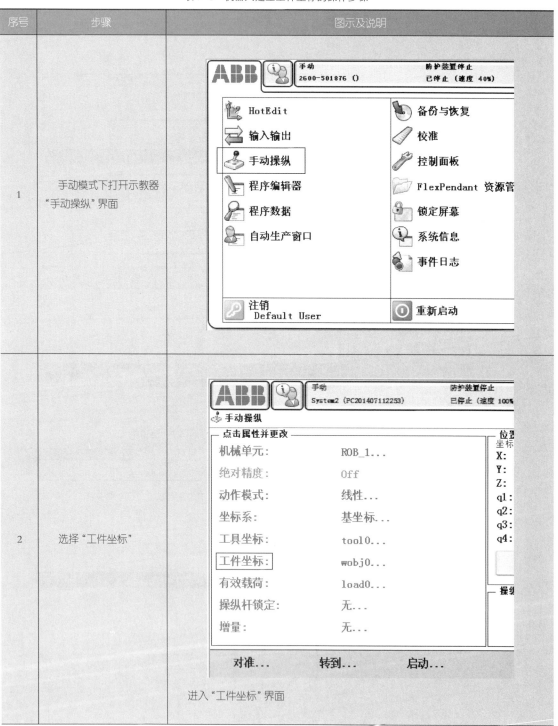
2	选择"工件坐标"	进入"工件坐标"界面

续表

序号	步骤	图示及说明
3	选择“新建”	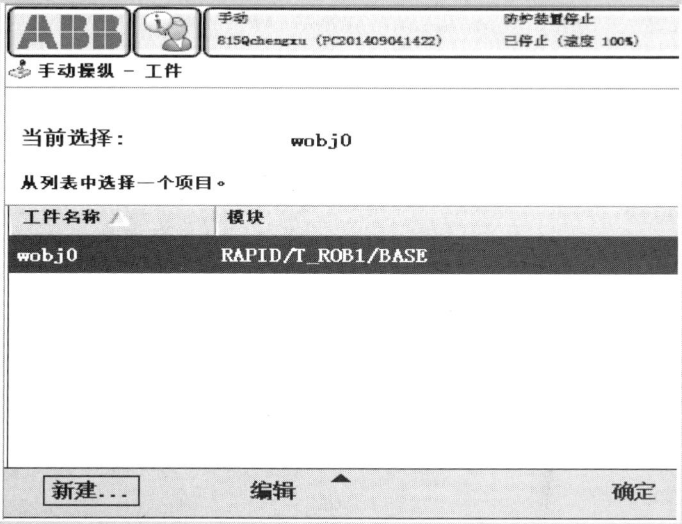
4	设置参数，点击“确定”	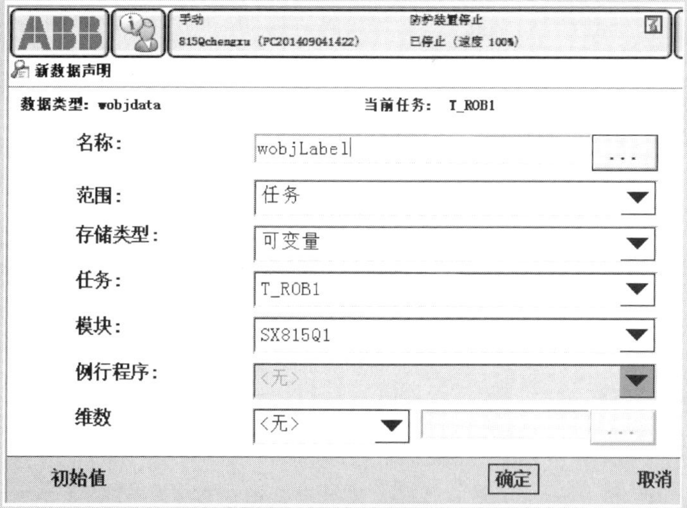 分别设定“名称”“范围”“存储类型”“任务”“模块”等（建立一个“wobjLabel”的工件坐标）

续表

序号	步骤	图示及说明
5	点击“编辑”	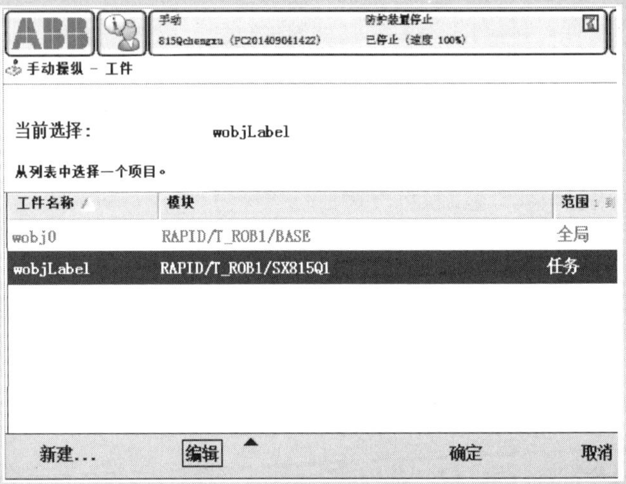 将“动作模式”选为“线性”，“坐标系”选为“基坐标”，“工具坐标”选为“toolPick”，“工件坐标”选中“wobjLabel”
6	点击“定义”	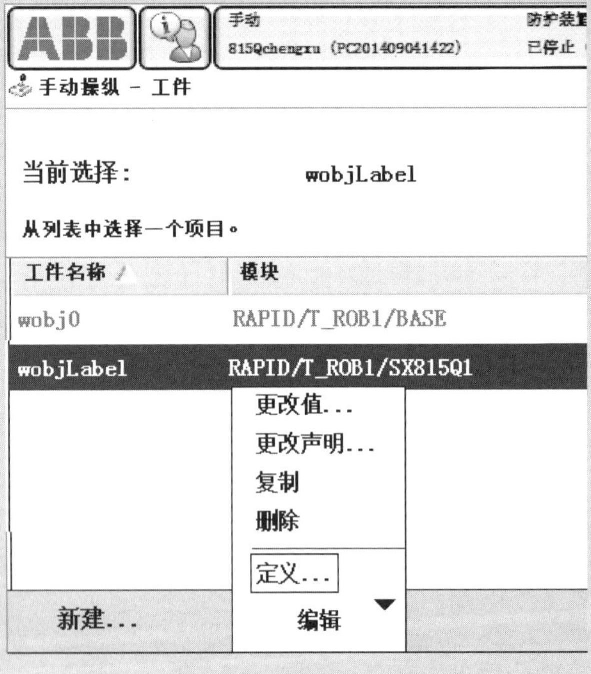 进入“定义画面”

序号	步骤	图示及说明
7	"用户方法"选择"3点"	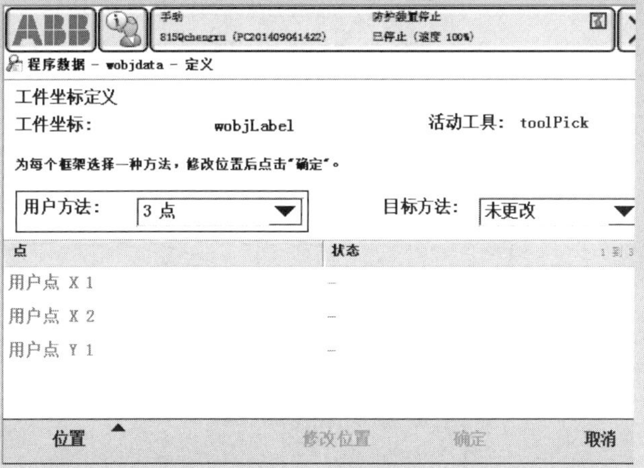
8	在示教器上选"X1"再点击"修改位置",此时"X1"已修改完成	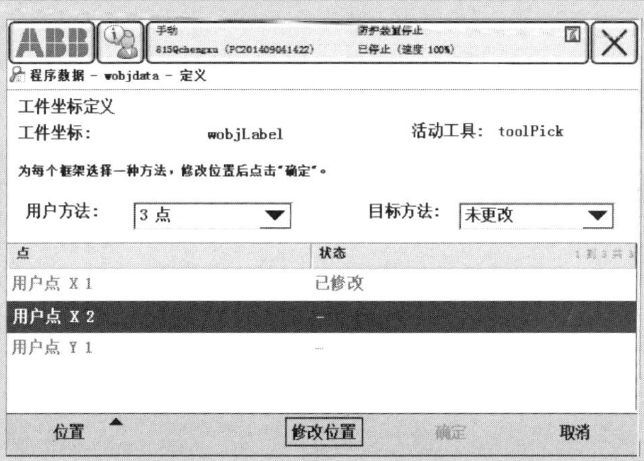 设定(修改)工件坐标 X1、X2、Y1 点,在机器人夹具上绑上一只笔,手动操纵机器人使夹具上的笔尖对准码垛台的 X1 点
9	重复上一个步骤,修改"X2"和"Y1",3个点都正确修改后,点击示教器 wobjLabel 界面的"确定"	 标签台工件坐标设定完成

171

4. 机器人运动轨迹

（1）物料瓶搬运运动轨迹

物料瓶搬运运动轨迹示意图如图9-19所示。参照图9-19,完成机器人数据点位的修改,物料瓶搬运点信息说明见表9-9。

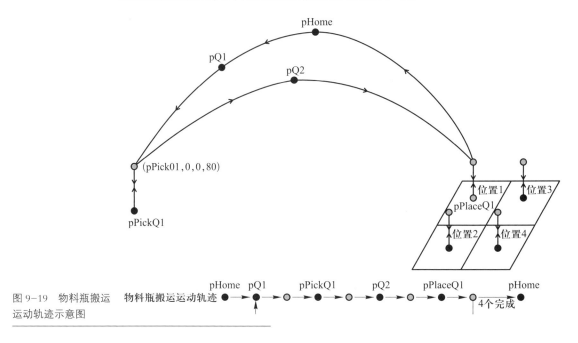

图 9-19　物料瓶搬运运动轨迹示意图

表 9-9　物料瓶搬运点信息说明

序号	robtarget 数据名称	工具坐标	工件坐标	注释
1	pHome	Tool0	Wobj0	机器人原点位置
2	pQ1	Tool0	Wobj0	机器人取物料瓶过渡点
3	pPickQ1	Tool0	Wobj0	机器人取物料瓶点
4	pQ2	Tool0	Wobj0	机器人放物料瓶过渡点
5	pPlaceQ1	Tool0	Wobj0	机器人放物料瓶偏移基础点

只需示教 pHome、pQ1、pQ2、pPickQ1、pPlaceQ1,其他点为位置偏移所得。

（2）包装盒盖搬运运动轨迹

包装盒盖搬运运动轨迹示意图如图 9-20 所示。参照图 9-20,完成机器人数据点位的修改,包装盒盖搬运点信息说明见表 9-10。

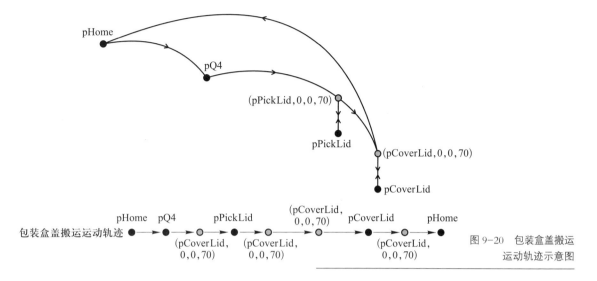

图 9-20 包装盒盖搬运
运动轨迹示意图

表 9-10 包装盒盖搬运点信息说明

序号	robtarget 数据名称	工具坐标	工件坐标	注释
1	pQ4	Tool0	Wobj0	机器人取包装盒盖过渡点
2	pPickLid	Tool0	Wobj0	机器人取包装盒盖点
3	pCoverLid	Tool0	Wobj0	机器人盖包装盒点

只需示教 pQ4、pPickLid、pCoverLid,其他点为位置偏移所得。

（3）标签搬运运动轨迹

标签搬运运动轨迹示意图如图 9-21。参照图 9-22,完成机器人数据点位的修改,标签搬运点信息说明见表 9-11。

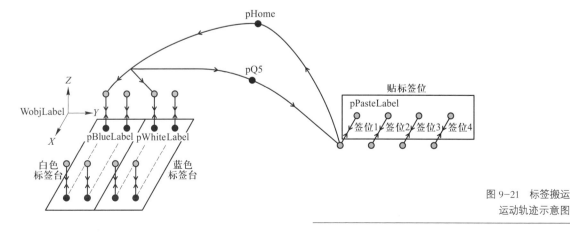

图 9-21 标签搬运
运动轨迹示意图

表 9-11　标签搬运点信息说明

序号	robtarget 数据名称	工具坐标	工件坐标	注释
1	pBlueLabel	Tool0	WobjLabel	机器人取蓝标签偏移基础点
2	pWhiteLabel	Tool0	WobjLabel	机器人取白标签偏移基础点
3	pQ5	Tool0	Wobj0	机器人贴标签过渡点
4	pPasteLabel	Tool0	Wobj0	机器人贴标签偏移基础点

只需示教 pBlueLabel、pWhiteLabel、pQ5、pPasteLabel，其他点为位置偏移所得。

5. 机器人程序编写

（1）任务要求

按钮板上选择"单机"状态，按下启动按钮，升降台 A 气缸和定位气缸伸出，锁定包装盒位置，机器人连续完成对物料瓶搬运动作 4 次，然后机器人和两个气缸复位，同时升降台 A 上升一个包装盒的高度；再次按下启动按钮，机器人开始搬运包装盒盖并对包装盒进行上盖，然后机器人复位，升降台 B 上升一个包装盒盖的高度；再次按下启动按钮，机器人连续摆放 4 个蓝色标签于包装盒盖上，然后复位，单机动作完成。

（2）机器人编程要点

根据任务要求，机器人单机程序分为主程序、初始化子程序、物料瓶搬运子程序、包装盖搬运子程序和标签搬运子程序等，程序框架如图 9-22 所示。

图 9-22　机器人运动程序框架

任务评价

对任务的实施情况进行评价,评分内容及结果见表 9-12。

表 9-12　任务 9-3 评分内容及结果

_____学年			任务形式 □个人　□小组分工　□小组	工作时间 _____min	
任务名称	内容分值		评分标准	学生自评	教师评分
系统 I/O 配置	系统 I/O 配置 （50分）	DI1 配置成 Stop	如果 I/O 配置错误每项扣 5 分,扣完为止		
		DI3 配置成 Motors On			
		DI4 配置成 Start at Main			
		DI5 配置成 Reset Execution Error			
		DI6 配置成 Motors Off			
		DO1 配置成 Auto On			
		DO3 配置成 Emergency Stop			
		DO4 配置成 Execution Error			
		DO5 配置成 Motors On			
		DO6 配置成 Cycle On			
单机自动运行过程	合理规划机器人示教点及路径 （50分）	搬运过程中不得与任何机构发生碰撞	若搬运过程中碰撞一次,扣 5 分,扣完为止		
		若检测机器人搬运单元的出料位无物料瓶,机器人需回到原点位置 pHome 等待	若机器人没有回到原点位置 pHome,每次扣 5 分,扣完为止		
		按顺序正确将物料瓶放入包装盒中	若物料瓶安放顺序错误,每个扣 5 分		
		包装盒中装满 4 个物料瓶后,机器人回到原点位置 pHome	若无回到原点位置 pHome,扣 5 分		
合计					

学生:_____　老师:_____　日期:_____

任务拓展

查阅相关资料,了解工业机器人更多应用场景。

任务 9-4 机器人搬运单元功能的编程与调试

任务描述

编制 SX-815Q 机电一体化综合实训设备的机器人搬运单元做工作流程程序,并进行调试。

任务实施

1. 任务要求

(1) 初始状态

初始位置:盒盖升降机构处于升降原点传感器位置;盒底升降机构处于升降原点传感器位置;定位气缸处于缩回状态;推料气缸处于缩回状态;机器人夹具吸盘垂直朝上(处于关闭状态)、夹爪朝下(处于张开状态);气源二联件压力表调节为 0.4 ~ 0.5 MPa。

(2) 控制流程

① 本单元在单机状态,机器人切换到自动运行状态,按复位按钮,单元复位,机器人回到安全原点位置 pHome(要求在原点位置 pHome 时夹具吸盘垂直朝上,夹爪朝下)。

② 复位指示灯(黄色)闪亮显示。

③ 停止指示灯(红色)灭。

④ 启动指示灯(绿色)灭。

⑤ 所有部件回到初始位置。

⑥ 复位指示灯(黄色)常亮,系统进入就绪状态。

⑦ 第一次按启动按钮,机器人搬运单元包装盒盖升降机构的推料气缸将物料盒底推出到包装工作台上。

⑧ 同时定位气缸伸出。

⑨ 物料台检测传感器动作。

⑩ 本单元上的机器人开始执行物料瓶搬运功能:机器人从机器人搬运单元的出料位将物料瓶搬运到包装盒中,合理规划路径,搬运过程中不得与任何机构发生碰撞。

a. 机器人搬运完一个物料瓶后,若检测机器人搬运单元的出料位无物料瓶,则机器人回到原点位置 pHome 等待,等出料位有物料瓶,再进行下一个的抓取。

　　b. 机器人搬运完一个物料瓶后,若检测机器人搬运单元的出料位有物料瓶等待抓取,则机器人无须再回到原点位置 pHome,可直接进行抓取,这样可提高效率。

　　⑪　包装盒中装满 4 个物料瓶后,机器人回到原点位置 pHome,即使检测机器人搬运单元的出料位有物料瓶,机器人也不再进行抓取。

　　⑫　推料气缸缩回。

　　⑬　第二次按启动按钮,机器人开始自动执行包装盒盖搬运功能:机器人从原点位置 pHome 到包装盒盖位置,用吸盘将包装盒盖吸取并盖到包装盒上,合理规划路径,加盖过程中不得与任何机构发生碰撞,盖好后回到原点位置 pHome。

　　⑭　第三次按启动按钮,机器人开始自动执行标签搬运功能:机器人从原点位置 pHome 到标签台位置,用吸盘依次将两个白色和两个蓝色标签吸取并贴到包装盒盖上,合理规划路径,贴标过程中不得与任何机构发生碰撞。

　　⑮　机器人每贴完一个标签,无须回到原点位置 pHome,贴满 4 个标签后回到原点位置 pHome;

　　⑯　机器人贴完标签,定位气缸缩回,等待入库;

　　⑰　系统在运行状态按停止按钮,本单元进入停止状态,即机器人停止工作,而就绪状态下按此按钮无效。

2. 工作流程

　　机器人搬运单元上电后,首先执行状态和复位程序得到"启动"信号后,挡料气缸伸出,同时推料气缸 A 将包装盒推出到装箱台上;机器人开始从机器人搬运单元的出料位将物料瓶搬运到包装盒中;包装盒中装满 4 个物料瓶后,机器人再用吸盘将包装盒盖吸取并盖到包装盒上;机器人最后根据装入包装盒内 4 个物料瓶盖颜色的顺序,依次将与物料瓶盖颜色相同的标签贴到包装盒盖的标签位上,贴完 4 个标签后等待成品入库。

　　机器人搬运单元程序工作流程如图 9-23 所示。

3. I/O 分配表

　　机器人搬运单元的 I/O 分配见表 9-13。

4. 编程要点

（1）升降台盒、盖驱动程序

　　因为升降台分为 A、B 两个,以及步进电动机两个,因此需要两个驱动器。由于盒、盖的高度不同因此需要两个脉冲程序,升降台程序如图 9-24 所示。

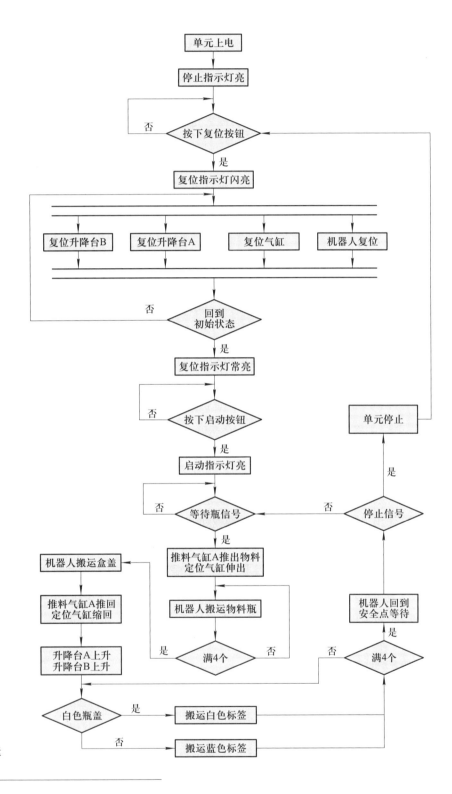

图 9-23 机器人搬运
单元工作流程

表 9-13　I/O 地址功能分配表

序号	名称	输入或输出设备	功能描述
1	X0	升降台 A 原点传感器	升降台 A 运动到原点，X0 断开
2	X1	升降台 A 上限位（常闭）	升降台 A 碰撞上限位，X1 断开
3	X2	升降台 A 下限位（常闭）	升降台 A 碰撞下限位，X2 断开
4	X3	升降台 B 原点传感器	升降台 B 运动到原点，X3 断开
5	X4	升降台 B 上限位（常闭）	升降台 B 碰撞上限位，X4 断开
6	X5	升降台 B 下限位（常闭）	升降台 B 碰撞下限位，X5 断开
7	X6	推料气缸 A 前限位	推料气缸 A 伸出，X6 闭合
8	X7	推料气缸 A 后限位	推料气缸 A 缩回，X7 闭合
9	FZA	升降台 A 上限位（常开）	按下启动按钮，X10 闭合
10	ZZA	升降台 A 下限位（常开）	按下停止按钮，X11 闭合
11	FZB	升降台 B 上限位（常开）	按下复位按钮，X12 闭合
12	ZZB	升降台 B 下限位（常开）	按下联机按钮，X13 闭合
13	X14	推料气缸 B 前限位	推料气缸 B 伸出，X14 闭合
14	X15	推料气缸 B 后限位	推料气缸 B 缩回，X15 闭合
15	X16	前一单元就绪信号输入（选配）	控制板输入信号 ExI1（前一单元就绪信号输入，X16 闭合）
16	X17	后一单元就绪信号输入（选配）	控制板输入信号 ExI2（后一单元就绪信号输入，X17 闭合）
17	X20	Auto On 机器人处于自动模式	Auto On 机器人处于自动模式，X20 闭合
18	X21	预留	
19	X22	Emergency Stop 机器人急停中	Emergency Stop 机器人急停中，X22 闭合
20	X23	Execution Error 机器人报警	Execution Error 机器人报警，X23 闭合
21	X24	Motors On 机器人电动机上电	Motors On 机器人电动机上电，X24 闭合
22	X25	Cycle On 机器人程序正在运行中	Cycle On 机器人程序正在运行中，X25 闭合
23	X26	回到原点位置	回到原点位置，X26 闭合
24	X27	瓶搬运完成	搬运物料瓶完成一次，X27 闭合
25	X30	盖搬运完成	搬运盒盖完成一次，X30 闭合
26	X31	标签搬运完成	搬运标签完成一次，X31 闭合
27	X32	正在运行	正在运行，X32 闭合
28	X34	吸盘 A	吸盘 A 有效，X34 闭合
29	X35	吸盘 B	吸盘 B 有效，X35 闭合

序号	名称	输入或输出设备	功能描述
30	X36	物料台传感器	物料台有物料，X36 闭合
31	X37	加盖定位气缸后限	加盖定位气缸缩回，X37 闭合
32	Y0	升降台 A 脉冲信号	Y0 闭合，给升降台 A 发脉冲
33	Y1	升降台 B 脉冲信号	Y1 闭合，给升降台 B 发脉冲
34	Y2	升降台 A 方向信号	Y2 闭合，改变升降台 A 方向
35	Y3	升降台 B 方向信号	Y3 闭合，改变升降台 B 方向
36	Y4	升降台气缸 A 控制	Y4 闭合，升降台气缸 A 伸出
37	Y5	升降台气缸 B 控制	Y5 闭合，升降台气缸 B 伸出
38	Y6	加盖定位气缸电磁阀	Y6 闭合，加盖定位气缸伸出
39	Y10	启动指示灯	Y10 闭合，启动指示灯亮
40	Y11	停止指示灯	Y11 闭合，停止指示灯亮
41	Y12	复位指示灯	Y12 闭合，复位指示灯亮
42	Y16	本单元就绪信号输出 1（选配）	控制板输出信号 Ex01（Y16 闭合，本单元就绪信号输出 1）
43	Y17	本单元就绪信号输出 2（选配）	控制板输出信号 Ex02（Y17 闭合，本单元就绪信号输出 2）
44	Y20	Stop 机器人程序停止运行	Y20 闭合，Stop 机器人程序停止运行
45	Y21	预留	
46	Y22	Motors On 机器人电动机上电	Y22 闭合，Motors On 机器人电动机上电
47	Y23	Start At Main 机器人程序启动	Y23 闭合，Start At Main 机器人程序启动
48	Y24	Reset Execution Error 机器人报警复位	Y24 闭合，Reset Execution Error 机器人报警复位
49	Y25	Motors Off 机器人电动机下电	Y25 闭合，Motors Off 机器人电动机下电
50	Y26	预留	预留
51	Y27	预留	预留
52	Y30	机器人开始搬运	Y30 闭合，机器人开始搬运
53	Y31	瓶位置	Y31 闭合，机器人搬运物料瓶
54	Y32	盖位置	Y32 闭合，机器人搬运盒盖
55	Y33	标签位置	Y33 闭合，机器人搬运标签
56	Y34	标签颜色区别	Y34 闭合，标签选取白色

（2）标签颜色辨别程序

标签的颜色有蓝、白两种，需要中间变量来区分颜色。因为要贴四个标签，所以需要计数器来控制贴标签的次数，标签颜色辨别程序如图 9-25 所示。

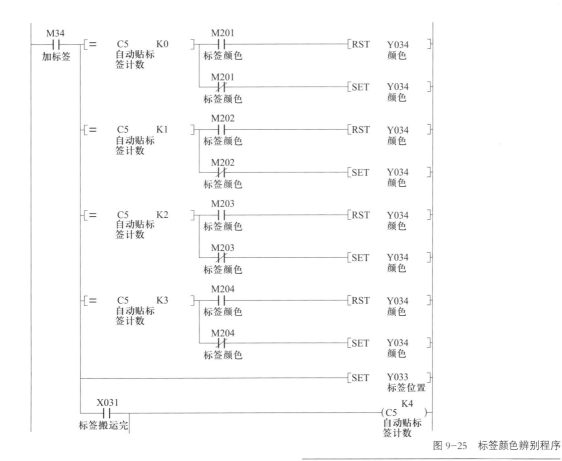

图 9-24 升降台程序

图 9-25 标签颜色辨别程序

5. 运行与调试

机器人搬运单元功能测试见表 9-14,根据任务书,按表 9-4 的要求测试功能。

表 9-14 机器人搬运单元功能测试

测试内容	测试要求		评分	
			配分	得分
系统 I/O 配置	DI1 配置成 Stop		3	
	DI3 配置成 Motors On		3	
	DI4 配置成 Start at Main		3	
	DI5 配置成 Reset Execution Error		3	
	DI6 配置成 Motors Off		3	
	DO1 配置成 Auto On		3	
	D03 配置成 Emergency Stop		3	
	D04 配置成 Execution Error		3	
	D05 配置成 Motors On		3	
	DO6 配置成 Cycle On		3	
单元自动运行过程	物料瓶搬运功能:要求中间过程无任何碰撞现象,一旦碰撞该项不得分	(1)按复位按钮,机器人回到 pHome,要求在 pHome 点时夹具吸盘垂直朝上,夹爪朝下	3	
		(2)第一次按启动按钮,机器人开始物料瓶搬运功能,机器人到 pQ1 点	3	
		(3)机器人运行到 pPickQ1 点,能够顺利抓取检测分拣单元主传送带机构末端的物料瓶	3	
		(4)机器人运行到 pQ2 点	3	
		(5)机器人运行到包装工位的包装盒位置1,物料瓶顺利放入包装盒位置1	3	
		(6)机器人回到 pHome	3	
		(7)重复第(3)~第(6)步3次	3	
		第2个物料瓶放入包装盒的位置2,不发生任何碰撞与摩擦	3	
		第3个物料瓶放入包装盒的位置3,不发生任何碰撞与摩擦	3	
		第4个物料瓶放入包装盒的位置4,不发生任何碰撞与摩擦	3	
	包装盒盖搬运功能:要求中间过程无任何碰撞现象,一旦碰撞该项不得分	(1)第二次按启动按钮,机器人开始包装盒盖搬运功能,机器人到 pQ4 点	4	
		(2)机器人运行到 pPickLid 点,能够顺利吸取到包装盒盖	3	
		(3)机器人运行到 pCoverLid 点,盒盖顺利盖到盒子上,无偏差	3	
		(4)机器人回到 pHome 点	3	

续表

测试内容		测试要求	评分	
			配分	得分
单元自动运行过程	标签搬运功能：要求中间过程无任何碰撞现象，一旦碰撞该子项不得分	（1）第三次按启动按钮，机器人开始标签搬运功能	3	
		（2）机器人运行到 pBlueLabel 点，能够顺利吸取到标签	3	
		（3）机器人运行到 pQ5 点	3	
		（4）机器人运行到 pPasteLabel 点，标签顺利吸附到包装盒标签位 1 上	3	
		（5）机器人回到 pHome 点	3	
		（6）重复第（2）～第（6）步 3 次	3	
		第 2 个标签顺利吸附到包装盒标签位的位置 2，放置过程不发生碰撞	3	
		第 3 个标签顺利吸附到包装盒标签位的位置 3，放置过程不发生碰撞	3	
		第 4 个标签顺利吸附到包装盒子标签位的位置 4，放置过程不发生碰撞	3	
合计			100	

ⓘ 任务评价

对任务实施情况进行评价，评分内容及结果见表 9-15。

表 9-15　任务 9-4 评分内容及结果

_____学年			工作形式 □个人　□小组分工　□小组	工作时间 _____min	
任务名称	内容分值		评分标准	学生自评	教师评分
机器人搬运单元功能的编程与调试	编程软件使用（10 分）	会使用编程软件（10 分）	（1）不会选择 PLC 型号，扣 2 分； （2）不会新建"工程"，扣 2 分； （3）不会输入程序，扣 3 分； （4）不会下载程序，扣 3 分		
	程序编写（80 分）	根据功能要求编写控制程序（80 分）	表 9-14 得分 ×80% 为该项得分		
	安全文明生产（10 分）	劳动保护用品穿戴整齐；遵守操作规程；讲文明礼貌；操作结束要清理现场（10 分）	（1）操作中，违反安全文明生产考核要求的任何一项扣 5 分，扣完为止； （2）当发现有重大事故隐患时，须立即予以制止，并每次扣安全文明生产总分 5 分； （3）穿戴不整洁，扣 2 分；设备不会还原，扣 5 分；现场不清理，扣 5 分		
合计					

✎ **任务拓展**

1. PLSY 脉冲输出指令

由于继电器不适合高频率动作,只有晶体管输出型 PLC 才适合使用该指令。

(1) D 指定的端口,以 S1 的频率,输出 S2 个脉冲,脉冲发送完毕,M8029 标志被置位。其中,D 为脉冲输出端口,H1U 机型可以指定 Y0/Y1/Y2; H2U 机型中 3624MT/2416MT 型只能指定 Y0 或 Y1,其他 MT 机型可以指定 Y0/Y1/Y2,而 MTQ 型则可指定 Y0/Y1/Y2/Y3/Y4。

(2) S1 为设定的输出脉冲频率,对于 16 bit 指令(PLSY),设定范围为 1 ~ 32 767;对于 32 bit 指令(DPLSY),设定范围为 1 ~ 100 000(即 1 Hz ~ 100 kHz);在指令执行中可以改变 S1 的值。

(3) S2 为设定的脉冲输出个数,对于 16 bit 指令(PLSY),设定范围为 1 ~ 32 767;对于 32 bit 指令(DPLSY),设定范围 1 ~ 2 147 483 647;当 S2 等于零时为发送不间断的无限个脉冲。

PLSY 脉冲输出指令时序举例如图 9-26 所示。

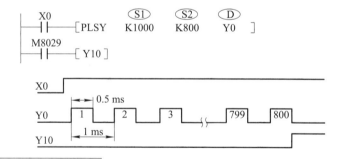

图 9-26　PLSY 脉冲输出指令时序举例

使用 PLSY (16 bit 指令)时,S1 和 S2 都只能是 bit 宽度。

使用 DPLSY (32 bit 指令)时,S1 和 S2 若为 D、C、T 变量,则按 32 bit 宽度处理。

在新版本的 H2U 系列 PLC 中,PLSY 指令的功能有增强,可在 PLSY 指令运行中修改脉冲个数、或立即启动下条脉冲输出指令、或实现脉冲输出完成中断等增强功能。

2. PLSR 带加减速脉冲输出指令

该功能是指带加减功能的固定尺寸传送用脉冲输出指令。

(1) S1 为设定的输出脉冲的最高频率,设定范围为 10 ~ 100 000 Hz;

（2）S2 为设定的输出脉冲数，16 bit 指令，设定范围为 110～32 767；32 bit 指令，设定范围为 110～2 147 483 647；设定的脉冲数小于 110 时，不能正常输出脉冲；

（3）S3 为设定的加减速时间，范围 50～5 000 ms，减速时间与加速时间相同，单位为 ms，设定时注意：H2U 系列 PLC 中减速时间可单独设定。

（4）D 为脉冲输出端口，H1U 机型可以指定 Y0/Y1/Y2；H2U 机型中 3624MT/2416MT 型只能指定 Y0 或 Y1，1616MT/3232MT 型能指定 Y0/Y1/Y2，而 MTQ 型则可选 Y0/Y1/Y2/Y3/Y4。不要与 PLSY 指令的输出端口重复。

（5）本指令使用说明如下：

① 本指令是以中断方式执行，不受扫描周期影响；

② 当指令能流为 OFF 时，将减速停止；当能流由 OFF → ON 时，脉冲输出处理重新开始；

③ 在脉冲输出过程中，改变操作数，对本次输出没有影响，修改的内容在指令下次执行的时候生效。指令执行完毕，M8029 标志置为 ON；

④ 与 PWM 指令的输出端口号不能重复；

⑤ 再次启动 PLSR 指令时，需在上次脉冲输出操作结束（Y0 结束时 M8147=0；Y1 结束时 M8148=0；Y2 结束时 M8149=0；Y3 结束时 M8150=0；Y4 结束时 M8151=0）后，再延迟 1 个扫描周期，方可再启动该指令（在新版本的 H2U 系列 PLC 中通过设置可以不受此限制）。

PLSR 脉冲输出指令时序举例如图 9-27 所示。

图 9-27 PLSR 脉冲输出指令时序举例

任务 9-5　机器人搬运单元人机界面的设计与测试

✎ 任务描述

按控制功能的要求，设计符合功能要求的人机界面，实现手动控制、单周期运行、自动运行，能够显示和满足联机控制的要求。

📁 任务实施

机器人搬运单元监控画面数据监控见表9-16,根据需要控制和显示的要求,设计满足功能要求的画面,并按表9-16连接关联变量,满足功能测试的要求。

表9-16 机器人搬运单元监控画面数据监控

作用	名称	关联变量	功能说明	配分	得分
指示灯显示	启动	设备0_读写M0928	启动状态指示灯		
	停止	设备0_读写M0929	停止状态指示灯		
	复位	设备0_读写M0930	复位状态指示灯		
	单/联机	设备0_读写M0931	单/联机状态指示灯		
	升降台A原点	设备0_读写M0932	升降台A原点检测指示灯		
	升降台A上限位	设备0_读写M0933	升降台A上限检测指示灯		
	升降台A下限位	设备0_读写M0934	升降台A下限检测指示灯		
	升降台B原点	设备0_读写M0935	升降台B原点检测指示灯		
	升降台B上限位	设备0_读写M0936	升降台B上限检测指示灯		
	升降台B下限位	设备0_读写M0937	升降台B下限检测指示灯		
	推料气缸A前限位	设备0_读写M0938	推料气缸A前限检测指示灯		
	推料气缸A后限位	设备0_读写M0939	推料气缸A后限检测指示灯		

机器人搬运单元人机界面如图9-28所示,要求参考此图上的区域布局组态该画面。指示灯输入信息为1时为绿色,输入信息为0时保持灰色。按钮强制输出1时为红色,按钮强制输出0时为灰色,触摸屏上必须设置一个手动/自动按钮,只有在该按钮被按下,且单元处于"单机"状态,手动强制输出控制按钮有效。

ℹ️ 任务评价

对任务实施情况进行评价,评分内容及结果见表9-17。

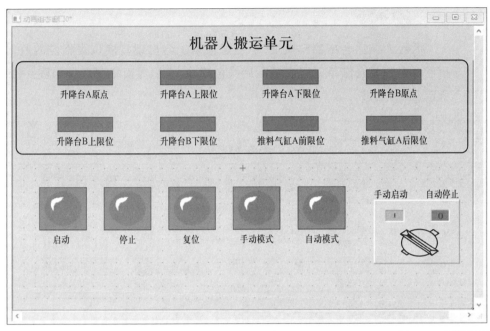

图 9-28　机器人搬运单元人机界面

表 9-17　任务 9-5 评分内容及结果

_____学年		任务形式 □个人　□小组分工　□小组	工作时间 _____min	
任务名称	内容分值		评分标准	学生 自评	教师 评分
机器人搬运 单元人机 界面的设计 与测试	型号选择 （5 分）	工作步骤及 电路图样 （5 分）	PLC 和触摸屏型号选择是否正确		
	电路连接 （15 分）	正确完成 PLC 和触 摸屏间的通信连接 （15 分）	PLC 和触摸屏是否可以正确连接，通信参数 是否设置正确		
	画面的绘制 （30 分）	按要求完成画面的 组态（30 分）	能否按照要求绘制画面，少绘或错绘一个扣 2 分，扣完为止		
	功能测试 （40 分）	完成正确的功能的 测试（40 分）	能够正确完成功能测试，一个功能不正常扣 4 分，扣完为止		
	安全文明生产 （10 分）	劳动保护用品穿戴 整齐；遵守操作规程； 讲文明礼貌；操作 结束要清理现场 （10 分）	（1）操作中，违反安全文明生产考核要求的 任何一项扣 5 分，扣完为止； （2）当发现有重大事故隐患时，须立即予以 制止，并每次扣安全文明生产总分 5 分； （3）穿戴不整洁，扣 2 分；设备不还原，扣 5 分；现场不清理，扣 5 分		
合计					

学生：_____　老师：_____　日期：_____

📎 **任务拓展**

机器人抓完合格物料瓶后,总控触摸屏上会出现盒底位置相应的瓶盖颜色。当智能仓储单元吸走成品后颜色清除,人机界面拓展任务如图9-29所示。

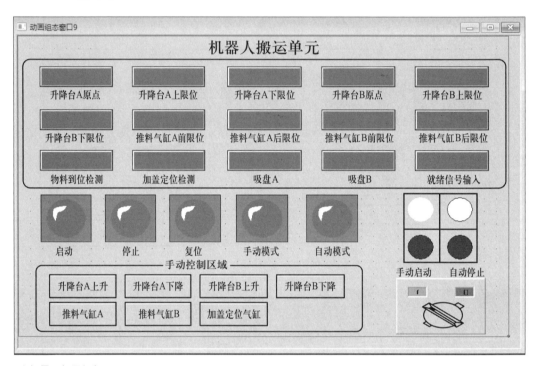

图9-29 人机界面拓展任务

任务9-6 机器人搬运单元故障诊断与排除

✏️ **任务描述**

机器人搬运单元已组装完成,但是由于种种原因出现故障,不能正常运行。根据所学知识,查找故障,并将排除的操作步骤进行记录。

📂 **任务实施**

观察故障现象,分析故障原因,编写故障分析流程,填写排除故障1～故障3操作记录卡,见表9-18～表9-20。

表 9-18 排除故障 1 操作记录卡

故障现象	设备上电后,机器人不能启动
故障分析	
故障排除	

表 9-19 排除故障 2 操作记录卡

故障现象	设备上电后,升降台步进电动机不动作
故障分析	
故障排除	

表 9-20 排除故障 3 操作记录卡

故障现象	升降台步进电动机只能单方向运动
故障分析	
故障排除	

任务评价

自行设置 5 个故障,对任务的实施情况进行评价,评分内容及结果见表 9-21。

表 9-21 任务 9-6 评分内容及结果

_____学年			任务形式 □个人 □小组分工 □小组	工作时间 _____min	
任务名称	内容分值		评分标准	学生 自评	教师 评分
工具使用	正确使用工具(10分)		使用工具不正确,扣10分		
	正确应用方法(30分)		(1)不会直接观察,扣10分; (2)不会电压法,扣10分; (3)不会电流法,扣10分		
故障排除	思路清晰(30分)		(1)排除故障思路不清晰,扣10分; (2)故障范围扩大,扣20分		
	正确排除故障(20分)		只能找到故障,不能排除故障或排除方法不对,扣20分		

任务名称	内容分值	评分标准	学生自评	教师评分
安全文明生产	劳动保护用品穿戴整齐;遵守操作规程;讲文明礼貌;操作结束要清理现场(10分)	(1) 操作中,违反安全文明生产考核要求的任何一项扣5分; (2) 当发现有重大事故隐患时,须立即予以制止,并每次扣安全文明生产总分5分; (3) 穿戴不整洁,扣2分;设备不还原,扣5分;现场不清理,扣5分		
合计				

学生:———— 老师:———— 日期:————

🏷 任务拓展

机器人搬运单元常见故障见表 9-22,根据表 9-22 的设置的故障,编写排故障排除流程,独立排除故障。

表 9-22 机器人搬运单元常见故障

序号	故障现象	故障分析	故障排除
1	设备不能正常上电		
2	上电后按钮板指示灯不亮		
3	PLC 上电后指示红灯闪烁		
4	PLC 提示"参数错误"		
5	PLC 提示"通信错误"		
6	传感器对应的 PLC 输入点没输入		
7	PLC 输出点没有动作		
8	上电,机器人报警		
9	机器人不能启动		
10	机器人启动就报警		
11	机器人运动过程中报警		
12	步进驱动器的电源指示灯没亮		
13	步进电动机不动作		
14	步进电动机只能单方向运动		

任务 10　智能仓储单元的安装、编程、调试与维护

SX-815Q 机电一体化综合实训设备的智能仓储单元用型号为 H2U-2416MT 的 PLC 实现电气控制,智能仓储单元如图 10-1 所示。完成如下操作:

（1）本单元控制挂板以及桌面机构的安装、智能仓库、堆垛机的机械安装;

（2）根据电气原理图和气路连接图,完成颗粒上料单元的电路和气路连接;

（3）按照本单元功能,堆垛机构把机器人单元物料台上的包装盒体吸取出来,然后按要求依次放入仓储相应仓位;

（4）利用人机界面设计本单元的手动、自动、单周期的运行功能,并能实时地进行控制和显示;

（5）对安装中设备出现的故障进行查找及排除,并对设备进行调试,使其运行顺畅,满足控制功能的要求,同时根据故障现象,准确分析故障原因及部位,排除故障,并记录排除故障的操作步骤。

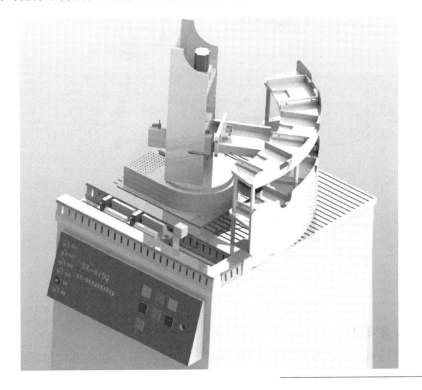

动画:智能仓储单元运行

图 10-1　智能仓储单元示意图

任务 10-1　智能仓储单元机械结构件的组装与调整

✏️ 任务描述

智能仓储单元桌面未安装,无法实现对包装盒的储存,现在需完成智能仓库、堆垛机触摸屏及桌面布局的安装和调整。

🗂 任务实施

1. 智能仓库

智能仓库主要由立柱组件、仓库层板组件、外围板和配件等组成。其整体结构如图 10-2 所示,零件构成如图 10-3 所示。

动画:智能仓库安装过程

视频:智能仓库安装示范

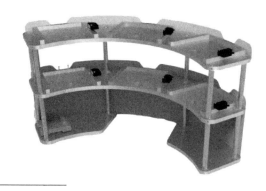

图 10-2　智能仓库整体结构

文本:智能仓库安装步骤

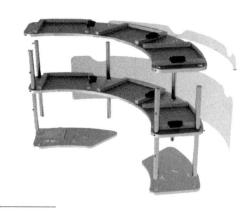

图 10-3　智能仓库零件构成

2. 堆垛机

堆垛机主要由垛机拾取机构、垛机升降机构、垛机旋转机构和配件等组成。其整体结构如图 10-4 所示,零件构成如图 10-5 所示。工作时,堆垛机通过垛机拾取机构、垛机升降机构、垛机旋转机构输送物料盒。安装时,要

求正确选择工具,安装步骤正确,不要返工,安装牢靠紧实,符合安装操作的
规定。

动画:堆垛机安装
过程

视频:堆垛机安装
示范

图 10-4 堆垛机整体结构

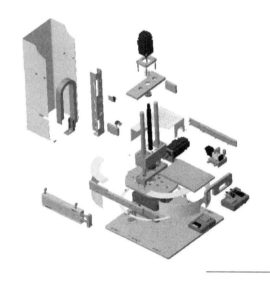

文本:堆垛机安装
步骤

图 10-5 堆垛机零件构成

3. 触摸屏

触摸屏主要实现对工作站电动机控制与信号监控,其整体结构如图 10-6
所示,零件构成如图 10-7 所示。

4. 桌面布局

将组装好的智能仓库、堆垛机和触摸屏按照合适的位置安装到型材板
上,以组成智能仓储单元的机械结构件,智能仓储单元桌面布局如图 10-8
所示。

图 10-6　触摸屏整体结构

图 10-7　触摸屏零件构成

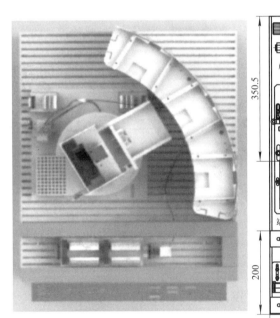

图 10-8　智能仓储单元桌面布局图

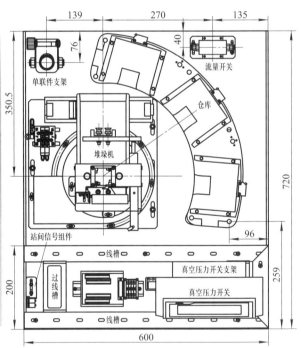

（i）**任务评价**

对任务的实施情况进行评价,评分内容及结果见表 10-1。

表 10-1　任务 10-1 评分内容及结果

_____学年			任务形式 □个人　□小组分工　□小组	工作时间 _____min	
任务名称	内容分值		评分标准	学生 自评	教师 评分
智能仓储 单元机械 结构件的 组装与调整	智能仓库安装 （35分）	立柱安装牢固 （15分）	（1）螺钉安装不牢固，每个扣1分，扣完为止； （2）光电开关安装不牢固，扣5分		
		仓库层板组件 安装牢固 （10分）	（1）仓库层板组件安装不牢固，扣6分； （2）仓库层板组件安装倾斜，扣4分		
		外围板安装牢固 （10分）	（1）螺钉安装不牢固，每个扣1分，扣完为止； （2）外围板安装不牢固，扣5分		
	堆垛机安装 （35分）	垛机拾取机构 安装牢固 （15分）	（1）螺钉安装不牢固，每个扣1分，扣完为止； （2）垛机拾取机构安装不正确，扣10分		
		垛机升降机构 安装正确 （10分）	（1）螺钉安装不牢固，每个扣1分，扣完为止； （2）垛机升降机构安装不正确，扣6分		
		垛机旋转机构正确 （10分）	（1）螺钉安装不牢固，每个扣1分，扣完为止； （2）垛机旋转机构安装不正确，扣6分		
	触摸屏安装 （20分）	触摸屏安装正确 （20分）	（1）螺钉安装不牢固，每个扣1分，扣完为止； （2）触摸屏安装不正确，扣10分		
	安全文明生产 （10分）	劳动保护用品穿戴 整齐；遵守操作 规程；讲文明礼貌； 操作结束要 清理现场 （10分）	（1）操作中违反安全文明生产考核要求的任 何一项扣5分； （2）当发现有重大事故隐患时，须立即予以制 止，并每次扣安全文明生产总分5分； （3）穿戴不整洁，扣2分；设备不会还原，扣5 分；现场不清理，扣5分		
合计					

学生：_____　　老师：_____　　日期：_____

✎ **任务拓展**

为提高入仓效率,重新设计吸料机构,每个仓位的吸料装置如图 10-9 所示,可以实现每个仓位独立吸取物料盒。

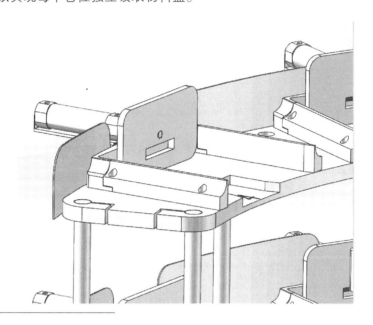

图 10-9　每个仓位的吸料装置

任务 10-2　智能仓储单元电路与气路的连接及操作

✎ **任务描述**

根据智能仓储单元的电气原理图、气路图、电气元件布局图,完成桌面上所有与 PLC 输入、输出有关的执行元件的电气连接和气路连接,确保各气缸运行顺畅、平稳和电气元件的功能的实现。

📁 **任务实施**

1. 电气原理图的设计

智能仓储单元电气原理图如图 10-10 所示。

2. 电气元件布局的设计

实施电路接线前,首先规划好元器件的布局,再根据布局图固定各个电气元件,电气元件布局要合理,固定要牢靠,配电控制盘上的各电气元件安装布局如图 10-11 所示。配电控制盘用槽板分为三个部分,上部为接线端子;中部为 24 V 直流电源、伺服放大器;下部依次为漏电保护器、电源插座、接触器、熔断器、继电器、PLC。

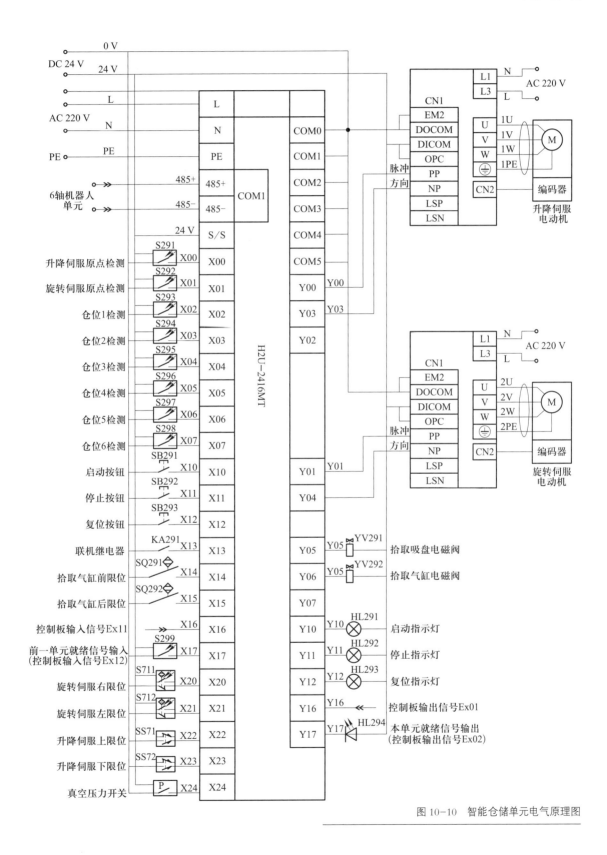

图 10-10　智能仓储单元电气原理图

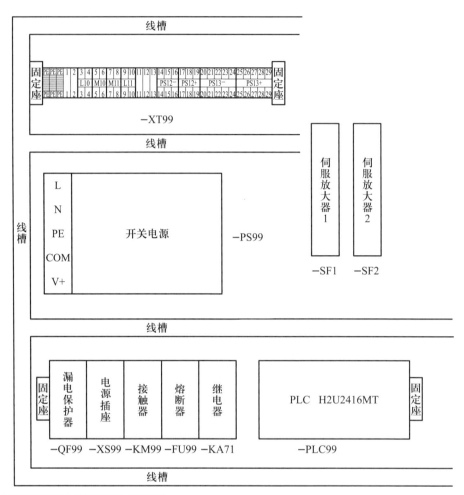

图 10-11 智能仓储单元配电控制盘电气元件布局

3. 气路设计

各单元的气路采用并联模式,空气压缩机气路通过 T 型三通连接到各个单元的气动三联件中。每个单元可以自行调节各自的气压,气动三联件将气通过三通接出多条气路,最终连接到单元中各个电磁转换阀中。再由电磁转换阀将气连接到气缸两端。

气路安装前需仔细阅读气路图,将气路的走向、使用的元器件的数量及位置一一记录。气路安装时要依从安全、美观及节省材料的原则来实施,本单元的气路图如图 10-12 所示。

4. 安装实施

（1）挂板电气元件的安装

挂板电气元件的安装步骤与颗粒上料单元类似,见表 6-4。

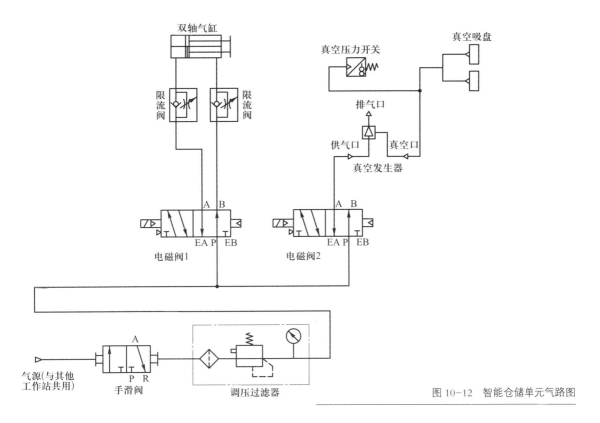

图 10-12 智能仓储单元气路图

（2）电路安装

智能仓储单元的电路接线可分为 PLC 电路、按钮板接线电路、挂板接线电路、机械模型接线电路四个部分。通过接头线缆相互连接各部分。桌面 37 针端子板 CN310 端子分配见表 10-2，智能仓储单元桌面 15 针端子板端子分配见表 10-3。

表 10-2 桌面 37 针端子板 CN310 端子分配

端子板 CN310 地址	线号	功能描述
XT3-2	X02	仓位 1 检测传感器
XT3-3	X03	仓位 2 检测传感器
XT3-4	X04	仓位 3 检测传感器
XT3-5	X05	仓位 4 检测传感器
XT3-6	X06	仓位 5 检测传感器
XT3-7	X07	仓位 6 检测传感器
XT1\XT4	PS13+（+24 V）	24 V 电源正极
XT5	PS13-（0 V）	24 V 电源负极

表 10-3　桌面 15 针端子板端子分配

端子板 CN302 地址	线号	功能描述
XT3-0	X02	仓位 1 检测传感器
XT3-1	X03	仓位 2 检测传感器
XT3-2	X04	仓位 3 检测传感器
XT3-3	X05	仓位 4 检测传感器
XT3-4	X06	仓位 5 检测传感器
XT3-5	X07	仓位 6 检测传感器
XT2	PS13+（+24 V）	24 V 电源正极
XT1	PS13-（0 V）	24 V 电源负极

（3）气路的连接

气路的连接与颗粒上料单元类似,电磁阀与定位气缸气路的连接步骤、图示及说明见表 6-12。

ⓘ **任务评价**

对任务的实施情况进行评价,评分内容及结果见表 10-4。

表 10-4　任务 10-2 评分内容及结果

任务名称	内容分值		评分标准	学生自评	教师评分
	＿＿＿＿学年		任务形式 □个人　□小组分工　□小组	工作时间 ＿＿＿＿min	
智能仓储单元电路与气路的连接及操作	传感器的安装（20 分）	X00	升降伺服原点检测		
		X01	旋转伺服原点检测		
		X02	仓位 1 检测		
		X03	仓位 2 检测		

任务名称	内容分值		评分标准	学生自评	教师评分
智能仓储单元电路与气路的连接及操作	传感器的安装（20分）	X04	仓位3检测		
		X05	仓位4检测		
		X06	仓位5检测		
		X07	仓位6检测		
		X14	拾取气缸前限位		
	电气连接工艺（70分）		零件齐全,零件安装部位正确;缺少零件,零件安装部位不正确,每处扣2分,扣完为止		
			型材主体与脚架立板垂直,2分;不成直角,每处扣1分,扣完为止		
			各配件固定螺钉紧固,无松动,1分;固定螺钉松动,每处扣1分,扣完为止		
			紧固螺钉垫片,1分;缺垫片,每处扣1分,扣完为止		
			主动轮与从动轮调整到位,皮带松紧符合要求,运行时皮带不打滑		
			同步轮紧定螺钉发生滑牙、滑扣现象,每处扣1分,扣完为止		
			颜色确认检测传感器与输送带上颗粒间距合理,1分;一处不合理扣1分		
			导线进入行线槽,每个进线口导线分布合理、整齐,单根电线直接进入走线槽且不交叉,不合理每处扣1分,扣完为止		
			每根导线对应一位接线端子,并用线鼻子压牢,不合格每处扣1分,扣完为止		
			端子进线部分,每根导线必须套用号码管,不合格每处扣1分,扣完为止		
			每个号码管应进线合理编号,不合格每处扣1分,扣完为止		
			扎带捆扎间距为50~80 mm,且同一线路上捆扎间隔相同,不合格每处扣1分,扣完为止		

续表

任务名称	内容分值		评分标准	学生 自评	教师 评分
智能仓储单元电路与气路的连接及操作	电气连接工艺 （70 分）		绑扎带切割不能留余太长，应小于 1 mm 且不割手，若不符合要求每处扣 1 分，扣完为止		
			接线端子金属裸露不超过 2 mm，不合格每处扣 1 分，扣完为止		
			气路、电路捆扎在一起，每处扣 1 分，扣完为止		
			气管过长或过短（气管与接头平行部分不超过 20 mm），不合格每处扣 1 分，扣完为止		
			气路连接错误、气路走向不合理、出现漏气，不合格每处扣 1 分，扣完为止		
	安全文明生产 （10 分）	劳动保护用品穿戴整齐；遵守操作规程；讲文明礼貌；操作结束要清理现场 （10 分）	（1）操作中，违反安全文明生产考核要求的任何一项扣 5 分； （2）当发现有重大事故隐患时，须立即予以制止，并每次扣安全文明生产总分 5 分； （3）穿戴不整洁，扣 2 分；设备不会还原，扣 5 分；现场不清理，扣 5 分		
合计					

学生：＿＿＿＿＿　老师：＿＿＿＿＿　日期：＿＿＿＿＿

文本：认识伺服
系统

任务拓展

智能仓储单元中应用了两套伺服系统，分别控制垛料机构的左右旋转及上下升降动作，了解常用伺服系统的控制应用。

任务 10-3　智能仓储单元功能的编程与调试

任务描述

智能仓储单元工作过程为堆垛机把机器人搬运单元物料台上的包装盒吸取出来，然后按要求依次放入仓储相应仓位。2×3 的仓库每个仓位均安装一个检测传感器，堆垛机水平轴为一个精密转盘机构，垂直机构为涡轮丝杆升降机构，均由精密伺服电动机进行高精度控制。

动画：智能仓储单
元运行

任务实施

1. 任务要求

初始状态：垛机旋转机构处于旋转原点传感器位置，堆垛机升降机构处于升降原点传感器位置,堆垛机拾取机构伸缩气缸处于缩回状态,堆垛机拾取吸盘处于关闭状态。气源二联件压力表调节到 0.5 MPa。

控制流程:

① 上电,系统处于复位状态下。复位指示灯亮,启动和停止指示灯灭。

② 停止状态下,按下复位按钮,本单元复位,复位过程中,复位指示灯闪亮,所有机构回到初始位置。复位完成后,复位指示灯常亮,启动和停止指示灯灭。运行或复位状态下,按启动按钮无效。

③ 复位就绪状态下,按启动按钮,本单元启动,启动指示灯亮,停止和复位指示灯灭。停止或启动状态下,按启动按钮无效。

④ 将包装盒放置到机器人搬运单元的包装工作台上,堆垛机启动并运行,运行到包装工作台位置。

⑤ 堆垛机拾取气缸伸出到位。

⑥ 堆垛机拾取吸盘打开,吸住包装盒。

⑦ 堆垛机拾取气缸缩回,将包装盒完全托到堆垛机拾取托盘上,包装盒与包装工作台无任何接触。

⑧ 堆垛机构旋转回到仓位 1,堆垛机构旋转过程中,包装盒不允许与包装工作台或智能仓库发生任何摩擦或碰撞。

⑨ 如果当前仓位有包装盒存在,即该仓位的检测传感器有动作,堆垛机不动。手动拿走包装盒,进入第⑩步。

⑩ 如果当前仓位空,则垛机拾取气缸伸出,将包装盒完全推入到当前仓位中去,入仓过程中,包装盒不允许与智能仓库发生碰撞或顶住现象。

⑪ 堆垛机拾取吸盘关闭。

⑫ 堆垛机拾取气缸缩回。

⑬ 堆垛机构回到原点位置。

⑭ 再放一个包装盒到机器人单元的包装工作台上,本单元将重复第④到第⑭步,包装盒将依次按顺序被送往仓位 1 到仓位 6 的空位中。

⑮ 在任何启动并运行状态下,按下停止按钮,本单元停止工作,停止指示灯亮,启动和复位指示灯灭。

2. 工作流程

智能仓储单元在上电后,首先执行码垛机复位程序,得到启动信号后,检测是否有空仓位,堆垛机构把机器人搬运单元物料台上的包装盒体吸取出来,然后按要求依次放入仓储相应仓位。智能仓储单元工作流程如图 10-13 所示。

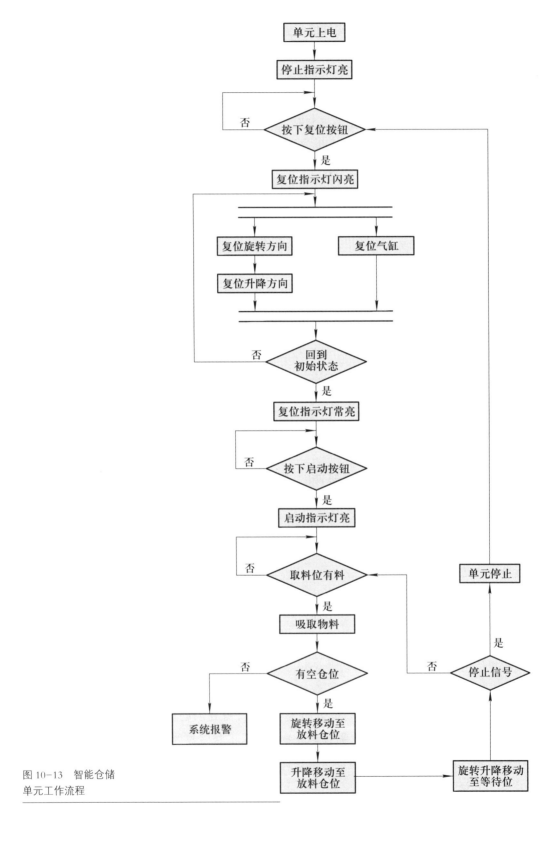

图 10-13 智能仓储
单元工作流程

3. I/O 地址功能分配

I/O 地址功能分配见表 10-5。

表 10-5 I/O 地址功能分配

序号	端子	功能描述
1	X00	升降伺服原点传感器感应到位, X00 断开
2	X01	旋转伺服原点传感器感应到位, X01 断开
3	X02	仓位 1 检测传感器感应到物料, X02 闭合
4	X03	仓位 2 检测传感器感应到物料, X03 闭合
5	X04	仓位 3 检测传感器感应到物料, X04 闭合
6	X05	仓位 4 检测传感器感应到物料, X05 闭合
7	X06	仓位 5 检测传感器感应到物料, X06 闭合
8	X07	仓位 6 检测传感器感应到物料, X07 闭合
9	X10	按下启动按钮, X10 闭合
10	X11	按下停止按钮, X11 闭合
11	X12	按下复位按钮, X12 闭合
12	X13	按下联机按钮, X13 闭合
13	X14	拾取气缸前限位感应到位, X14 闭合
14	X15	拾取气缸后限位感应到位, X15 闭合
15	X20	旋转伺服右限位感应到位, X20 闭合
16	X21	旋转伺服左限位感应到位, X21 闭合
17	X22	升降伺服上限位感应到位, X22 闭合
18	X23	升降伺服下限位感应到位, X23 闭合
19	X24	真空压力开关输出为 ON 时, X24 闭合
20	Y00	Y00 闭合, 升降伺服电动机旋转
21	Y01	Y01 闭合, 旋转伺服电动机旋转
22	Y03	Y03 闭合, 升降伺服电动机反转
23	Y04	Y04 闭合, 旋转伺服电动机反转
24	Y05	Y05 闭合, 堆垛机拾取吸盘电磁阀启动
25	Y06	Y06 闭合, 堆垛机拾取气缸电磁阀启动
26	Y10	Y10 闭合, 启动指示灯亮
27	Y11	Y11 闭合, 停止指示灯亮
28	Y12	Y12 闭合, 复位指示灯亮

4. 编程要点

智能仓储单元的主要工作是将包装盒运送到仓库中。在调试前先检查设备的初始状态,确定系统准备就绪。

（1）主站设置

智能仓储单元作为主站,设置主站是需置位标志 M8038,同时程序需设置主站号、子站数、刷新时间和监控时间,主站程序如图 10-14 所示。

图 10-14　主站程序

（2）启动程序

将贴完标签的包装盒放入在出料台中,按下启动按钮,进入运行状态,启动程序如图 10-15 所示。

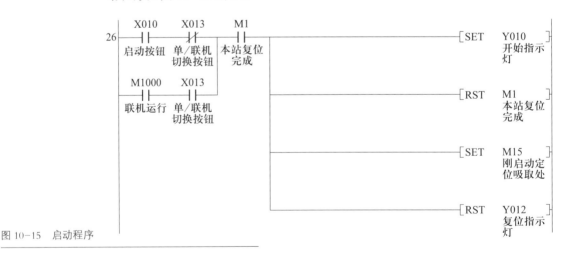

图 10-15　启动程序

（3）伺服电动机控制指令

根据所给出的脉冲指令部分程序作为参考,编写相应的 PLC 程序,实现成品能准确的放入仓位中,升降伺服指令程序如图 10-16 所示,旋转伺服指令程序如图 10-17 所示。

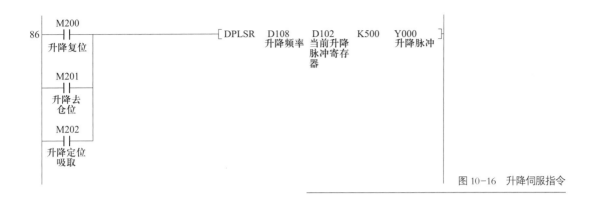

图 10-16 升降伺服指令

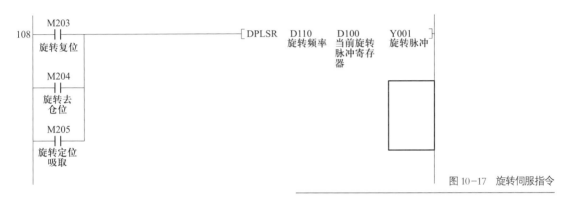

图 10-17 旋转伺服指令

5. 运行与调试

智能仓储单元功能测试见表 10-7,根据任务书,按表 10-7 的要求测试功能。

表 10-7 智能仓储单元程序功能测试

测试内容	测试要求	评分	
		配分	得分
智能仓储单元复位控制	气源二联件压力表调节到 0.4~0.5 MPa	2	
	(1)上电,设备自动处于停止状态,停止指示灯亮	3	
	(2)系统处于停止状态,按下复位按钮系统自动复位。其他运行状态下按此按钮无效	3	
	(3)复位指示灯(黄色)闪亮显示	3	
	(4)停止指示灯(红色)灭	3	
	(5)启动指示灯(绿色)灭	3	
	(6)所有部件回到初始位置	3	
	(7)复位指示灯(黄色)常亮,系统进入就绪状态	3	

续表

测试内容	测试要求	评分	
		配分	得分
智能仓储单元自动控制	（1）将包装盒放置到机器人搬运单元的包装工作台上,堆垛机启动并运行,运行到包装工作台位置	3	
	（2）堆垛机拾取气缸伸出到位	3	
	（3）堆垛机拾取吸盘打开,吸住包装盒	3	
	（4）堆垛机拾取气缸缩回,将包装盒完全托到堆垛机拾取托盘上,包装盒与包装工作台无任何接触	3	
	（5）堆垛机构旋转回到仓位1,堆垛机构旋转过程中,包装盒不允许与包装工作台或智能仓库发生任何摩擦或碰撞	3	
	（6）如果当前仓位有包装盒存在,即该仓位的检测传感器有动作,堆垛机不动。手动拿走包装盒,进入第（7）步	3	
	（7）如果当前仓位空,则堆垛机拾取气缸伸出,将包装盒完全推入到当前仓位中去,入仓过程中,包装盒不允许与智能仓库发生碰撞或顶住现象	3	
	（8）垛机拾取吸盘关闭; （9）垛机拾取气缸缩回	3	
	（10）堆垛机构回到原点位置	3	
	（11）再放一个包装盒到机器人搬运单元的包装工作台上,本单元将重复第（1）到第（11）步,包装盒将依次按顺序被送往仓位1到仓位6的空位中	4	
	（12）将包装盒放置到机器人搬运单元的包装工作台上,堆垛机启动并运行,运行到包装工作台位置	4	
	（13）堆垛机拾取气缸伸出到位	4	
	（14）堆垛机拾取吸盘打开,吸住包装盒	4	
	（15）堆垛机拾取气缸缩回,将包装盒完全托到堆垛机拾取托盘上,包装盒与包装工作台无任何接触	3	
	（16）堆垛机构旋转回到仓位1,堆垛机构旋转过程中,包装盒不允许与包装工作台或智能仓库发生任何摩擦或碰撞	4	
	（17）如果当前仓位有包装盒存在,即该仓位的检测传感器有动作,堆垛机不动。手动拿走包装盒,进入第（18）步	3	
	（18）如果当前仓位空,则堆垛机拾取气缸伸出,将包装盒完全推入到当前仓位中去,入仓过程中,包装盒不允许与智能仓库发生碰撞或顶住现象	4	
	（19）堆垛机拾取吸盘关闭;垛机拾取气缸缩回	4	
	（20）堆垛机构回到原点位置	3	

测试内容	测试要求	评分	
		配分	得分
智能仓储单元自动控制	（21）再放一个包装盒到机器人单元的包装工作台上,本单元将重复第（1）到第（11）步,包装盒将依次按顺序被送往仓位 1 到仓位 6 的空位中	4	
单元停止控制	在任何启动并运行状态下,按下停止按钮,本单元立即停止,所有机构不工作	3	
	（1）停止指示灯亮	3	
	（2）启动指示灯灭	3	
合计		100	

任务评价

对任务的实施情况进行评价,评分内容及结果记入表 10-8。

表 10-8　任务 10-3 评分内容及结果

＿＿＿＿学年			任务形式 □个人　□小组分工　□小组	工作时间 ＿＿＿＿min	
任务名称	内容分值		评分标准	学生自评	教师评分
智能仓储单元功能的编程与调试	编程软件使用（10 分）	会使用编程软件（10 分）	（1）不会选择 PLC 型号,扣 2 分; （2）不会新建"工程",扣 2 分; （3）不会输入程序,扣 3 分; （4）不会下载程序,扣 3 分		
	程序编写（80 分）	根据功能要求编写控制程序（80 分）	表 10-7 得分 ×80% 为该项得分		
	安全文明生产（10 分）	劳动保护用品穿戴整齐;遵守操作规程;讲文明礼貌;操作结束要清理现场（10 分）	（1）操作中,违反安全文明生产考核要求的任何一项扣 5 分; （2）当发现有重大事故隐患时,须立即予以制止,并每次扣安全文明生产总分 5 分; （3）穿戴不整洁,扣 2 分;设备不会还原,扣 5 分;现场不清理,扣 5 分		
合计					

学生:＿＿＿＿　　老师:＿＿＿＿　　日期:＿＿＿＿

📎 **任务拓展**

查阅相关资料,了解更多智能仓库应用场景。

任务 10-4　智能仓储单元人机界面的设计与测试

✏️ **任务描述**

按控制功能的要求,设计符合功能要求的人机界面,实现手动控制、单周期运行、自动运行,能够显示和满足联机控制的要求。

📁 **任务实施**

智能仓储单元人机界面如图 10-18 所示。输入信息为 1 时指示灯为绿色;输入信息为 0 时指示灯保持灰色。按钮强制输出 1 时为红色;按钮强制输出 0 时为灰色。触摸屏上设置一个手动模式/自动模式按钮,只有在该按钮被按下,且单元处于"单机"状态时,手动强制输出控制按钮才有效。

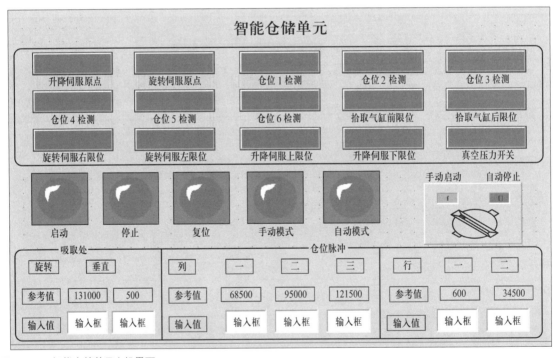

图 10-18　智能仓储单元人机界面

智能仓储单元监控画面数据监控见表 10-9。根据需要控制和显示的要求,设计满足功能要求的画面,并按表 10-9 连接关联变量,满足功能测试的要求。

表 10-9 智能仓储单元监控画面数据监控

作用	名称	关联变量	功能说明	配分	得分
显示	仓位 1	设备 0_ 只读 X02	1 号仓位指示灯		
	仓位 2	设备 0_ 只读 X03	2 号仓位指示灯		
	仓位 3	设备 0_ 只读 X04	3 号仓位指示灯		
	仓位 4	设备 0_ 只读 X05	4 号仓位指示灯		
	仓位 5	设备 0_ 只读 X0006	5 号仓位指示灯		
	仓位 6	设备 0_ 只读 X0007	6 号仓位指示灯		
	升降伺服原点	设备 0_ 只读 X0000	升降伺服原点指示灯		
	升降伺服上限	设备 0_ 只读 X0022	升降伺服上限位指示灯		
	升降伺服下限	设备 0_ 只读 X0023	升降伺服下限位指示灯		
	旋转伺服原点	设备 0_ 只读 X0001	旋转伺服原点指示灯		
	旋转伺服左限位	设备 0_ 只读 X0021	旋转伺服左限位指示灯		
	旋转伺服右限位	设备 0_ 只读 X0020	旋转伺服右限位指示灯		
	拾取气缸前限位	设备 0_ 只读 X0014	拾取气缸前限位指示灯		
	拾取气缸后限位	设备 0_ 只读 X0015	拾取气缸后限位指示灯		
	真空压力开关	设备 0_ 只读 X0024	吸盘工作指示灯		
操作	堆垛机拾取吸盘电磁阀	设备 0_ 读写 Y0005	堆垛机拾取吸盘电磁阀手动输出		
	堆垛机拾取气缸电磁阀	设备 0_ 读写 Y0006	堆垛机拾取气缸电磁阀手动输出		
	包装盒吸取位电动机角度旋转脉冲数	设备 0_ 读写 DDUB0200	脉冲数寄存器地址 D200		
	包装盒吸取位电动机垂直旋转脉冲数	设备 0_ 读写 DDUB0202	脉冲数寄存器地址 D202		
	仓位第 1 行脉冲数	设备 0_ 读写 DDUB0212	脉冲数寄存器地址 D212		
	仓位第 2 行脉冲数	设备 0_ 读写 DDUB0210	脉冲数寄存器地址 D210		
	仓位第 1 列脉冲数	设备 0_ 读写 DDUB0208	脉冲数寄存器地址 D208		
	仓位第 2 列脉冲数	设备 0_ 读写 DDUB0205	脉冲数寄存器地址 D206		
	仓位第 3 列脉冲数	设备 0_ 读写 DDUB0204	脉冲数寄存器地址 D204		

ⓘ 任务评价

对任务的实施情况进行评价,评分内容及结果见表 10-10。

表 10-10   任务 10-4 评分内容及结果

_____学年			任务形式 □个人 □小组分工 □小组	工作时间 _____min	
任务名称	内容分值		评分标准	学生 自评	教师 评分
智能仓储单元人机界面监控画面数据	型号选择 (5分)	工作步骤及电路图样 (5分)	PLC 和触摸屏型号选择是否正确		
	电路连接 (15分)	正确完成 PLC 和触摸屏间的通信连接 (15分)	PLC 和触摸屏是否可以正确连接,通信参数是否设置正确		
	画面的绘制 (30分)	按要求完成组态画面 (30分)	能否按照要求绘制画面,少绘或错绘一个扣 2 分,扣完为止		
	功能测试 (40分)	完成正确的功能的测试 (40分)	升降方向原点 X00 有,且功能正确		
			旋转方向原点 X01 有,且功能正确		
			仓位 1 检测 X02 有,且功能正确		
			仓位 2 检测 X03 有,且功能正确		
			仓位 3 检测 X04 有,且功能正确		
			仓位 4 检测 X05 有,且功能正确		
			仓位 5 检测 X06 有,且功能正确		
			仓位 6 检测 X07 有,且功能正确		
			拾取气缸前限位 X14 有,且功能正确		
			拾取气缸后限位 X15 有,且功能正确		
			X22 真空开关 A 有,且功能正确		
			X23 真空开关 B 有,且功能正确		
			Y6 吸盘电磁阀有,且功能正确		
			Y7 拾取气缸电磁阀		
	安全文明生产 (10分)	劳动保护用品穿戴整齐;遵守操作规程;讲文明礼貌;操作结束要清理现场 (10分)	(1) 操作中,违反安全文明生产考核要求的任何一项扣 5 分; (2) 当发现有重大事故隐患时,须立即予以制止,并每次扣安全文明生产总分 5 分; (3) 穿戴不整洁,扣 2 分;设备不会还原,扣 5 分;现场不清理,扣 5 分		
合计					

学生: _____   老师: _____   日期: _____

任务拓展

当智能仓储单元伸缩气缸吸回包装盒后,在触摸屏上选择仓位,将包装盒送入选定的仓位。触摸屏上实时显示仓位的状态。

智能仓储单元任务拓展参考画面如图 10-19 所示。

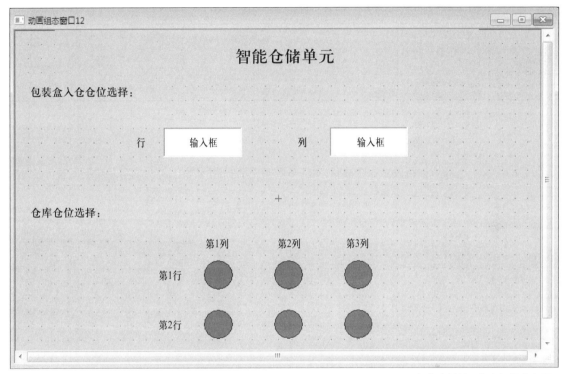

图 10-19　智能仓储单元任务拓展参考画面

任务 10-5　智能仓储单元故障诊断与排除

任务描述

智能仓储单元主要任务是为将机器人搬运单元物料台上的包装盒吸取出来,然后按要求依次放入智能仓储 2×3 相应的仓位上。现智能仓储单元已组装完成,但是,由于各种原因出现故障不能正常运行。根据所学知识,查找故障,将其排除,并记录排除故障的操作步骤。

任务实施

观察故障现象,分析故障原因,编写故障分析流程,填写排除故障 1、故障 2 操作记录卡,见表 10-11、表 10-12。

视频: 智能仓储单元故障示例

213

表 10-11　排除故障 1 操作记录表

故障现象	旋转台、升降台伺服电动机不动
故障分析	
故障排除	

表 10-12　排除故障 2 操作记录表

故障现象	触摸屏与工作站无法通信
故障分析	
故障排除	

任务评价

自行设置 5 个故障,对任务的实施情况进行评价,评分内容及结果见表 10-13。

表 10-13　任务 10-5 评分内容及结果

_____学年		任务形式 □个人　□小组分工　□小组		工作时间 _____min	
任务名称	内容分值	评分标准		学生 自评	教师 评分
工具使用	使用工具正确 （10 分）	使用工具不正确,扣 10 分			
	采用方法正确 （30 分）	（1）不会直接观察,扣 10 分; （2）不会电压法,扣 10 分; （3）不会电流法,扣 10 分			
故障排除	思路清晰 （30 分）	（1）排除故障思路不清晰,扣 10 分; （2）故障范围扩大,扣 20 分			
	正确排除故障 （20 分）	只能找到故障,不能排除故障或排除方法不对,扣 20 分			
安全文明 生产	劳动保护用品穿戴 整齐;遵守操作 规程;讲文明礼貌; 操作结束要 清理现场 （10 分）	（1）操作中,违反安全文明生产考核要求的任何一项扣 5 分; （2）当发现有重大事故隐患时,须立即予以制止,并每次扣安全 文明生产总分 5 分; （3）穿戴不整洁,扣 2 分;设备不会还原,扣 5 分;现场不清理, 扣 5 分			
合计					

任务拓展

智能仓储单元常见故障见表 10-14,根据表 10-14 设置故障,编写故障排除流程,独立排除故障。

表 10-14　智能仓储单元常见故障

序号	故障现象	故障原因	故障排除
1	伺服电动机不工作		
2	伺服电动机只能单向运行		
3	气缸不动作		
4	传感器输入 PLC 无信号		
5	伺服极限保护失灵		
6	传感器不检测		

任务 11　机电一体化设备的系统编程与优化

在完成 SX-815Q 机电一体化综合实训设备的所有单元调试工作后,要求以智能仓储单元 PLC 为主站,其他单元为从站,触摸屏连接到主站 PLC 上;构建 N∶N 的 485 通信网络,完成各从站与主站的通信编程、联机信号编程和触摸屏信号编程;完成触摸屏系统总控画面、颗粒上料单元监控画面、加盖拧盖单元监控画面、检测分拣单元监控画面、机器人搬运监控画面、智能仓储单元监控画面,通过联机信号能够控制整个系统的正常运行;在设备联机调试完成后,观察设备的运行情况,并根据实际运行情况对程序进行优化,提高系统的运行效率,使设备的运行更为流畅,缩短生产时间,减少用气量等,达到节能、安全的目的。

任务 11-1　N∶N 通信网络的连接与设置

任务描述

所有单元单机工作调试完成后,需设置 N∶N 的 485 通信网络,各单元需增加系统联机程序,并完成调试。

任务实施

N∶N 网络适用于小规模的系统的数据传输,它适用于数量不超过 8 个 PLC

视频:通信网络技术

之间的互连。该网络采用广播方式进行通信的,网络中每一个站都有特定的辅助继电器和数据寄存器,其中有系统指定的共享数据区域,即网络中的每一台PLC都要提供各自的辅助继电器和数据寄存器组成网络交换数据的共享区间。

在本系统中每一个工作单元由一台PLC控制,各PLC之间通过RS-485串行通信实现互连的分布式控制方式。组建成网络后,各工作单元成为系统的工作站。系统网络结构如图11-1所示。

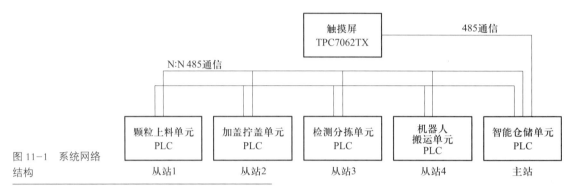

图11-1 系统网络结构

（1）硬件连接

N∶N通信协议是固定的,采用半双工的通信方式,波特率为固定值,数据长度、奇偶校验、停止位、标题字符、终结字符和校验等都为固定的。最大连接站数为八站,其中一站为主站,其余站为从站。N∶N网络数据传输示意如图11-2所示。

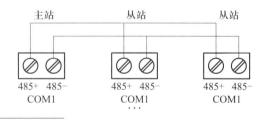

图11-2 N∶N网络数据传输示意

（2）N∶N通信网络的建立

程序编写时,在主站中用编程方式设定网络参数:在程序的第0步写入（LD M8038）,向特殊数据寄存器D8176~D8180中写入相应的参数。

在从站中用编程方式设定网络参数:在程序的第0步写入（LD M8038）,向特殊数据寄存器D8176中写入站号即可

① 工作站号设置（D8176）。特殊数据寄存器D8176的设置范围为0~7,主站应设为0,从站设为1~7。

② 从站个数设置（D8177）。特殊数据寄存器D8177用于主站中设置从站总数,从站中不需要设置,设定范围为0~7之间的值,默认值为7。

③ 刷新范围模式设置(D8178)。刷新模式是指在设定的模式下主站与从站共享的辅助继电器和数据寄存器的范围,刷新模式由主站的 D8178 来设置,可以设为 0、1 或 2(默认值为 0),分别代表三种刷新模式,从站中不需要设置此值。N∶N 网络的刷新模式见表 11-1,D8178 对应的三种刷新模式,网络共享的辅助继电器和数据寄存器见表 11-2,三种模式对应的 PLC 中辅助继电器和数据寄存器的刷新范围,这些辅助继电器和数据寄存器供各站的 PLC 共享。

表 11-1　N∶N 网络的刷新模式

通信元件	刷新模式		
	模式 0	模式 1	模式 2
位元件	0 点	32 点	64 点
字元件	4 点	4 点	8 点

表 11-2　N∶N 网络共享的辅助继电器和数据寄存器

站号	模式 0		模式 1		模式 2	
	位元件	4 点字元件	32 点位元件	4 点字元件	64 点位元件	8 点字元件
0	—	D0—D3	M1000—M1031	D0—D3	M1000—M1063	D0—D7
1	—	D10—D13	M1064—M1095	D10—D13	M1064—M1127	D10—D17
2	—	D20—D23	M1128—M1159	D20—D23	M1128—M1191	D20—D27
3	—	D30—D33	M1192—M1223	D30—D33	M1192—M1255	D30—D37
4	—	D40—D43	M1256—M1287	D40—D43	M1256—M1319	D40—D47
5	—	D50—D53	M1320—M1351	D50—D53	M1320—M1383	D50—D57
6	—	D60—D63	M1384—M1415	D60—D63	M1384—M1447	D60—D67
7	—	D70—D73	M1448—M1479	D70—D73	M1448—M1511	D70—D77

④ 重试次数设置(D8179)。D8179 用于设置重试次数,设定范围为 0~10(默认值为 3),该设置仅用于主站,当通信出错时,主站就会根据设置的次数自动重试通信。

⑤ 通信超时时间设置(D8180)。D8180 用于设置通信超时时间,设定范围为 5~155(默认是为 5),该值乘以 10 ms 就是通信超时时间,该设置限定了主站与从站之间的通信时间。

⑥ 特殊辅助继电器

a. M8038(N∶N 网络参数设置):用于设置 N∶N 网络参数。

b. M8183(主站点通信错误):当主站点产生通信错误时为 ON。

c. M8184~M8190(从站点的通信错误):当对应的从站点的通信错误

时为 ON。

　　d. M8191（数据通信）：当与其他站点通信时为 ON。

　　（3）通信注意事项

　　① 通信时间。数据在网络上的传输是要消耗时间的，N∶N 通信采用的是广播方式进行通信的，完成一次刷新所需的时间就是通信时间，网络中的站点数越多，数据刷新范围越大，通信所需的时间就越长。每增加一站扫描时间增长约 10%。

　　② 通信站号设定。通信站号不可重复，由主站到从站依次为 0～7 号站。

　　③ 特殊辅助继电器及特殊数据寄存器的使用。在 N∶N 通信网络中特殊辅助继电器可以检测通信是否正常，通信错误站是几号站等。特殊数据寄存器可以储存错误代码，从站通信错误数量，及网络扫描时间等功能。灵活使用特殊辅助继电器及特殊数据寄存器可使通信功能的使用更为方便。

ⓘ 任务评价

　　对任务的实施情况进行评价，评分内容及结果见表 11-3。

表 11-3　任务 11-1 评分内容及结果

＿＿＿＿学年			任务形式 □个人　□小组分工　□小组		工作时间 ＿＿＿min	
任务名称	内容分值		评分标准		学生 自评	教师 评分
N∶N 通信网络的连接与设置	硬件连接 （40分）	通信线缆制作 （20分）	屏蔽电缆制作，一处连接不通，每处扣 5 分，扣完为止			
		通信连接 （20分）	连接不牢固，每处扣 5 分，扣完为止			
	软件设置 （50分）	通信编程 （50分）	（1）主／从站的站号设置，一处设置不正确扣 5 分，扣完为止； （2）刷新模式选择不正确，扣 10 分； （3）正确设置重试次数和通信超时，一处不正确扣 5 分，扣完为止			
	安全文明生产 （10分）	劳动保护用品穿戴整齐；遵守操作规程；讲文明礼貌；操作结束要清理现场 （10分）	（1）操作中，违反安全文明生产考核要求的任何一项扣 5 分，扣完为止； （2）当发现有重大事故隐患时，须立即予以制止，并每次扣安全文明生产总分 5 分； （3）穿戴不整洁，扣 2 分；设备不会还原，扣 5 分；现场不清理，扣 5 分			
合计						

学生：＿＿＿＿　　老师：＿＿＿＿　　日期：＿＿＿＿

采用 CANlink 总线构建机电一体化设备的通信网络。

1. CANlink 通信简介

汇川小型 PLC 具有多种通信方式，其中 CANlink 通信是较为常见的通信方式。CANLink 总线协议制定的实时总线应用层协议，运用于汇川技术产品 PLC、变频器、伺服控制器和远程扩展模块各产品之间进行高速实时数据交互。从站个数可达 63 个，建立通信网络时主站应为 PLC，从站可为汇川 PLC、MD 变频器、伺服器、远程控制模块。CANlink 通信具有成本低、提高精度、可扩展性强、提高抗干扰能力、提高通信速度等特点。

2. CANlink 通信硬件连接

CANlink 通信硬件连接如图 11-3 所示。CANlink 通信时需为 PLC 添加 CAN 扩展卡，在 CANlink 网络连接时，设备上的五个连接点均要一一对应连在一起（使用屏蔽线）。并且必要时在 + 24 V 和 CGND 间需要外接 24 V 直流电源。总线的两端均要加 120 Ω 的 CAN 总线匹配电阻（终端电阻），H1U/H2U 远程扩展卡和 CAN 接口卡均内置了匹配电阻，可通过拨码开关接入或断开。

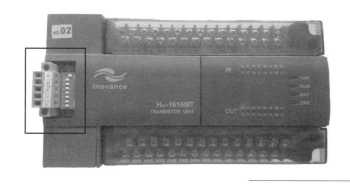

图 11-3 CANlink 通信
硬件连接

3. CANlink 通信参数及编程

CANlink 通信时，通信站号及波特率等参数不仅通过通信板上的拨码开关设定，PLC 主站需设定主站的 CAN 参数，并且需要配置从站参数，使每一个站都有特定的寄存器区。从站只需设定自身的参数即可。若是使用 CANlink 通信以变频器或伺服器作为从站，则变频器与伺服器应具备 CAN 板卡，并设置对应参数即可。CANlink 配置向导如图 11-4 所示。

程序编写时，根据各站的地址将数据传输到特定的数据寄存器中即可完成通信数据的传输。

例如，将 1# 主站的（D110，D111）发送到 2# 从站的（D100，D101）。收发寄存器的配置如图 11-5 所示。

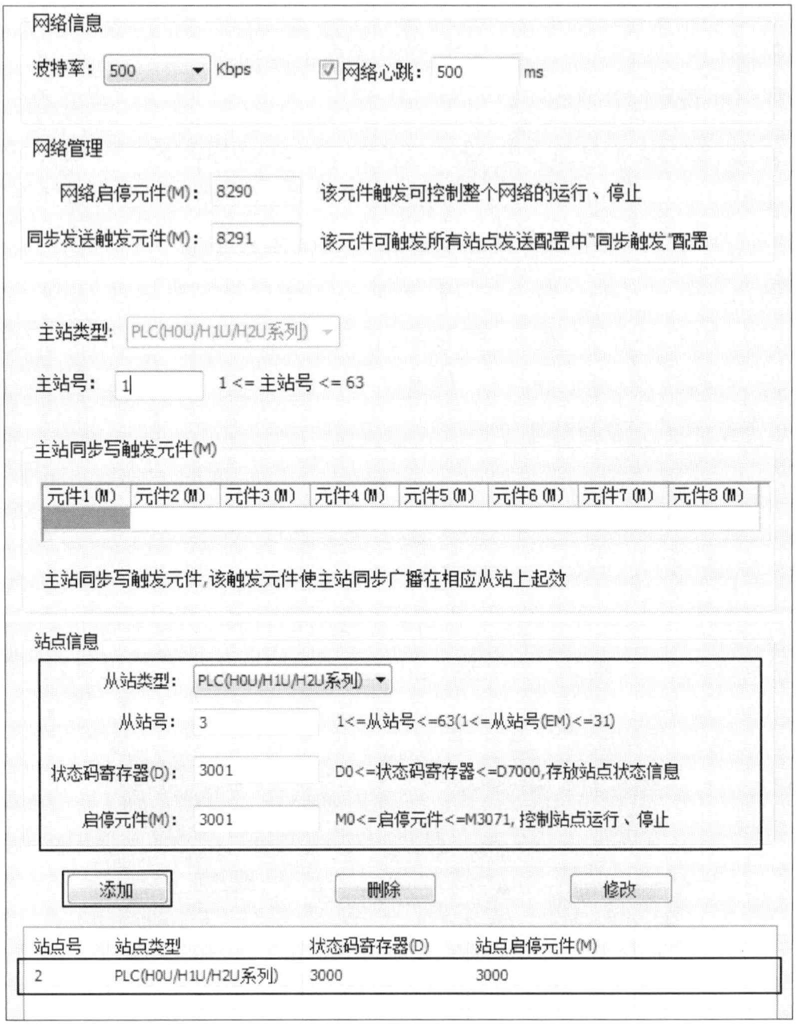

图 11-4　CANlink 配置向导

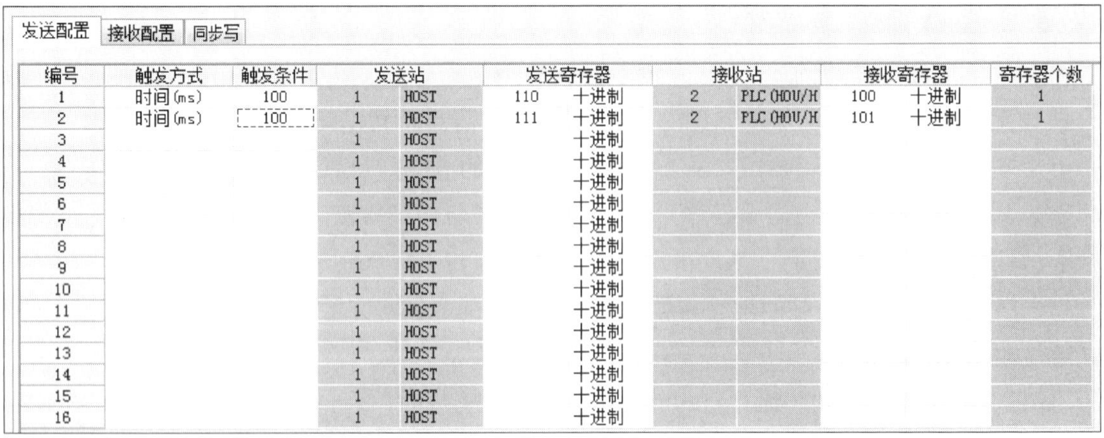

发送配置 | 接收配置 | 同步写

编号	触发方式	触发条件	发送站		发送寄存器		接收站		接收寄存器		寄存器个数
1	时间(ms)	100	1	HOST	110	十进制	2	PLC(H0U/H	100	十进制	1
2	时间(ms)	100	1	HOST	111	十进制	2	PLC(H0U/H	101	十进制	1
3			1	HOST		十进制					
4			1	HOST		十进制					
5			1	HOST		十进制					
6			1	HOST		十进制					
7			1	HOST		十进制					
8			1	HOST		十进制					
9			1	HOST		十进制					
10			1	HOST		十进制					
11			1	HOST		十进制					
12			1	HOST		十进制					
13			1	HOST		十进制					
14			1	HOST		十进制					
15			1	HOST		十进制					
16			1	HOST		十进制					

图 11-5　收发寄存器的配置

任务 11-2　机电一体化设备联机编程与调试

任务描述

SX-815Q 机电一体化综合实训设备的所有单元调试工作完成后,要求以智能仓储单元 PLC 为主站,其他单元为从站,触摸屏连接到主站 PLC 上;完成各站与主站的通信编程、联机信号编程和触摸屏信号编程;完成触摸屏系统总控画面、颗粒上料单元监控画面、加盖拧盖单元监控画面、检测分拣单元监控画面、机器人搬运监控画面、智能仓储单元监控画面,通过联机信号能够控制整个系统的正常运行。

任务实施

1. 总控画面

系统总控画面数据监控见表 11-4,按照表 11-4 人机界面监控数据,实现所有功能。

表 11-4　系统总控画面数据监控

序号	名称	类型	功能说明
1	单机 / 联机	标准按钮	系统单机联机
2	联机启动	标准按钮	系统联机启动
3	联机停止	标准按钮	系统联机停止
4	联机复位	标准按钮	系统联机复位
5	单机 / 联机	位指标灯	联机状态蓝色亮
6	启动指示	位指标灯	启动状态绿色亮
7	停止指示	位指标灯	停止状态红色亮
8	复位指示	位指标灯	复位状态黄色亮
9	合格物料瓶总数量	模拟量显示框	显示检测分拣单元合格的瓶子总数
10	不合格物料瓶总数量	模拟量显示框	显示检测分拣单元不合格的瓶子总数
11	仓储仓位的选择行	模拟量输入框	选择当前包装盒入仓位置所在的行数
12	仓储仓位的选择列	模拟量输入框	选择当前包装盒入仓位置所在的列数
13	系统总控画面	画面切换按钮	跳转到系统总控画面

续表

序号	名称	类型	功能说明
14	颗粒上料单元	画面切换按钮	跳转到颗粒上料单元画面
15	加盖拧盖单元	画面切换按钮	跳转到加盖拧盖单元画面
16	检测分拣单元	画面切换按钮	跳转到检测分拣单元画面
17	机器人搬运单元	画面切换按钮	跳转到机器人搬运单元画面
18	智能仓储单元	画面切换按钮	跳转到智能仓储单元画面

系统总控画面如图 11-6 所示,根据触摸屏组态画面布局,要求区域划分、颜色分配(单机/联机 – 蓝色、联机启动 – 绿色、联机停止 – 红色、联机复位 – 黄色),各元件相对位置分配与画面保持一致。画面彩色指示灯均指输入信息为 1 时的颜色,输入信息为 0 时指示灯保持灰色。

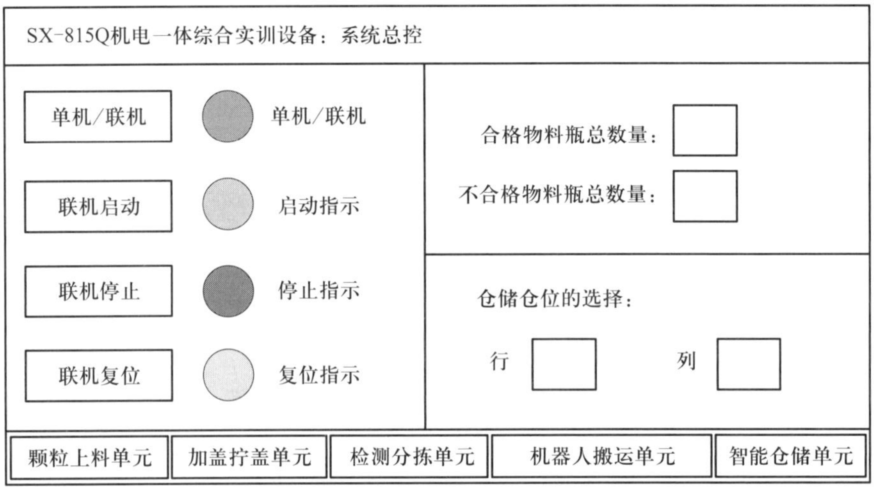

图 11-6 系统总控
画面

2. 单元画面

单元画面布局如图 11-7 所示,要求参考此图的布局组态该画面。输入信息为 1 时指示灯为绿色;输入信息为 0 时指示灯保持灰色。按钮强制输出1 时为红色;按钮强制输出 0 时为灰色,触摸屏上应设置一个手动模式 / 自动模式按钮,只有在该按钮被按下,且单元处于"单机"状态,手动输出控制按钮有效,其他各个单元画面依次类推。

3. 系统完善后整体自动运行功能要求

① 各单元气源二联件气压调节到 0.5 MPa,按下各单元的联机按钮,系统进入联机运行状态。

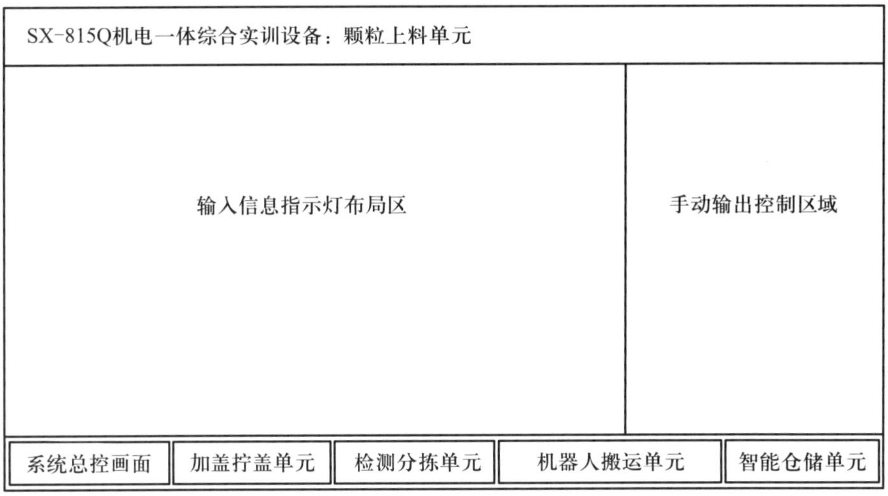

SX-815Q机电一体综合实训设备：颗粒上料单元	
输入信息指示灯布局区	手动输出控制区域
系统总控画面　加盖拧盖单元　检测分拣单元　机器人搬运单元　智能仓储单元	

图 11-7　单元画面布局

② 按下触摸屏上联机停止按钮,停止指示灯亮,启动和复位指示灯灭。

③ 系统停止状态下,按下联机复位按钮,系统开始复位,复位过程中复位指示灯闪亮,复位完成后,各单元进入就绪状态,触摸屏上复位指示灯常亮,启动和停止指示灯灭。其他状态下按联机复位按钮无效。

④ 在系统总控画面的触摸屏上设置包装盒入仓的位置(行、列):仓位 1到仓位 6 其中一个。

⑤ 系统复位就绪状态下,按触摸屏上联机启动按钮,系统启动,触摸屏上启动指示灯亮,复位和停止指示灯灭。其他状态下按联机启动按钮无效。

⑥ 颗粒上料单元启动运行,主传送带启动。

⑦ 运行指示灯亮。

⑧ 颗粒上料单元对物料瓶进行颗粒填装后输送到加盖拧盖单元。

⑨ 加盖拧盖单元传送带启动,分别将物料瓶送入加盖工位和拧盖工位进行加盖与拧盖。

⑩ 加盖拧盖完成后,物料瓶输送到检测分拣单元。

⑪ 检测分拣单元将检测合格的物料瓶输送到传送带的末端,等待机器人抓取,不合格的输送到辅传送带上,同时总控画面会显示当前检测物料瓶合格与不合格的总数量。

⑫ 机器人搬运单元盒底升降机构的推料气缸将包装盒底推到包装工作台上,同时定位气缸伸出挡住物料盒底。

⑬ 机器人接收到有合格物料瓶到达,开始抓取合格物料瓶,机器人搬运完一个物料瓶后,若检测到检测分拣单元的出料位无物料瓶,则机器人回到原点位置 pHome 等待,等出料位有物料瓶,再进行下一个的抓取;若检测检

到测分拣单元的出料位有物料瓶等待抓取,则机器人无须再回到原点位置pHome,可直接进行抓取,这样做提高效率。合理规划路径,搬运过程中不得与任何机构发生碰撞。

⑭ 包装盒中装满4个合格物料瓶后,机器人回到原点位置pHome,即使检测分拣单元的出料位有物料瓶,机器人也不再进行抓取物料瓶搬运。

⑮ 盒底升降机构的推料气缸缩回。

⑯ 机器人开始自动执行盒盖搬运功能:机器人从原点位置pHome到包装盒盖位置,用吸盘将包装盒盖吸取并盖到包装盒上。合理规划路径,加盖过程中不得与任何机构发生碰撞,盒盖盖好后回到原点位置pHome。

⑰ 吸取盒盖并盖到包装盒上后,机器人开始自动执行标签搬运功能:机器人从原点位置pHome到标签台位置,用吸盘将对应合格物料瓶的瓶盖贴上标签吸取并贴到包装盒盖上,合理规划路径,贴标过程中不得与任何机构发生碰撞,标签摆放位置及标签吸取顺序示意图如图11-8所示。

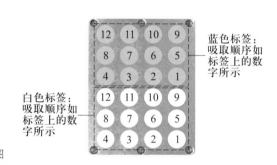

图11-8 标签摆放位置及吸取顺序示意图

⑱ 机器人每贴完一个标签,无须回到原点位置pHome,贴满4个标签后回到原点位置pHome。

⑲ 机器人贴完标签,定位气缸缩回,等待入库。

⑳ 智能仓储单元按照第④步触摸屏上的仓位选择将包装盒运送到相应的仓位中。

㉑ 需在总控画面上设置一个计时显示框,在第⑤步按联机启动按钮的同时,计时显示框开始计时,直到走完一个流程(4个物料瓶进行颗粒填装 + 加盖拧盖 + 检测分拣 + 放入包装盒 + 入库),计时停止。

㉒ 颗粒上料单元、加盖拧盖单元和机器人搬运单元的PLC部分根据原设定程序完成相应流程。

㉓ 系统在任何联机运行状态下,按下触摸屏联机停止按钮,系统立即停止,触摸屏上停止指示灯亮,复位和启动指示灯灭。

4. 联机信号的编程

设备联机运行时,不仅要求能实时显示各个单元的运行状态,并且要求能由人机交互界面对各单元进行手动控制,以加盖拧盖单元为例,介绍联机信号的编程,加盖拧盖单元和主站的联机信号见表 11-5。

表 11-5　加盖拧盖单元和主站的联机信号

加盖拧盖单元					
	D20			D2	
M864	启动	X10	M880	加盖拧盖传送带电动机启停	Y00
M865	停止	X11	M881	拧盖电动机启停	Y01
M866	复位	X12	M882	加盖伸缩气缸	Y02
M867	单 / 联机	X13	M883	加盖升降气缸	Y03
M868	瓶盖料筒检测	X00	M884	加盖定位气缸	Y04
M869	加盖位检测	X01	M885	拧盖升降气缸	Y05
M870	拧盖位检测	X02	M886	拧盖定位气缸	Y06
M871	加盖伸缩气缸前限位	X03			
M872	加盖伸缩气缸后限位	X04			
M873	加盖升降气缸上限位	X05			
M874	加盖升降气缸下限位	X06			
M875	加盖定位气缸后限位	X07			
M876	拧盖升降气缸上限位	X14			
M877	拧盖定位气缸后限位	X15			

由于系统使用对通信方式为 N∶N 通信,中间继电器 M 数量有限,不足以支持所有数据的发送与接收。所以数据的发送及接收使用寄存器 D 作为中间过渡,从站联机信号程序如图 11-9 所示,主站联机信号程序如图 11-10 所示。

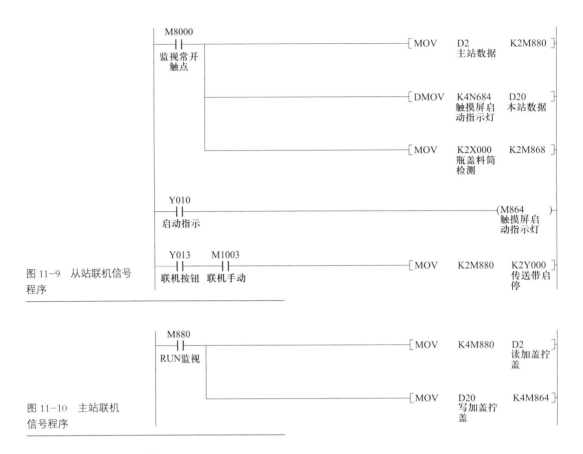

图 11-9 从站联机信号
程序

图 11-10 主站联机
信号程序

主站信号的处理只需要将信号关联上 HMI 即可。

ⓘ **任务评价**

对任务的实施情况进行评价,评分内容及结果见表 11-6。

表 11-6 任务 11-2 评分内容及结果

任务名称		学年		任务形式 □个人 □小组分工 □小组	工作时间 _____min	
	内容分值		评判标准		学生 自评	教师 评分
机电一体化设备联机编程与调试 (48分)	触摸屏画面	系统总控画面 (8分)	(1)区域划分符合要求,一处不正确扣0.5分,扣完为止; (2)画面美观、整齐,且无错别字,一处不正确扣0.5分,扣完为止; (3)按钮和指示灯有,且功能正确,一处不正确扣0.5分,扣完为止			

任务名称	内容分值		评判标准	学生自评	教师评分
机电一体化设备联机编程与调试	触摸屏画面（48分）	颗粒上料单元画面（8分）	（1）区域划分符合要求，一处不正确扣0.5分，扣完为止； （2）画面美观、整齐，且无错别字，一处不正确扣0.5分，扣完为止； （3）按钮和指示灯有，且功能正确，一处不正确扣0.5分，扣完为止		
		加盖拧盖单元画面（8分）	（1）区域划分符合要求，一处不正确扣0.5分，扣完为止； （2）画面美观、整齐，且无错别字，一处不正确扣0.5分，扣完为止； （3）按钮和指示灯有，且功能正确，一处不正确扣0.5分，扣完为止		
		检测分拣单元画面（8分）	（1）区域划分符合要求，一处不正确扣0.5分，扣完为止； （2）画面美观、整齐，无错别字，一处不正确扣0.5分，扣完为止； （3）按钮和指示灯有，且功能正确，一处不正确扣0.5分，扣完为止		
		机器人搬运单元画面（8分）	（1）区域划分符合要求，一处不正确扣0.5分，扣完为止； （2）画面美观、整齐，无错别字，一处不正确扣0.5分，扣完为止； （3）按钮和指示灯有且功能正确，一处不正确扣0.5分，扣完为止		
		智能仓储单元画面（8分）	（1）区域划分符合要求，一处不正确扣0.5分，扣完为止； （2）画面美观、整齐，且无错别字，一处不正确扣0.5分，扣完为止； （3）按钮和指示灯有，且功能正确，一处不正确扣0.5分，扣完为止		

续表

任务名称	内容分值		评判标准	学生自评	教师评分
机电一体化设备联机编程与调试	联机自动运行功能（52分）	系统启/停功能（7分）	（1）按触摸屏上停止按钮，功能正确，一处不正确扣1分，上限2分； （2）按触摸屏上复位按钮，功能正确，一处不正确扣1分，上限3分； （3）按触摸屏上启动按钮，功能正确，一处不正确扣1分，上限2分		
		颗粒上料单元功能（8分）	颗粒上料单元对物料瓶进行颗粒填装，一处功能不正确扣1分，扣完为止		
		加盖拧盖单元功能（8分）	加盖拧盖单元对物料瓶进行加盖拧盖，一处功能不正确扣1分，扣完为止		
		检测分拣单元功能（8分）	检测分拣单元对物料瓶进行检测分拣，一处功能不正确扣1分，扣完为止		
		机器人搬运单元功能（8分）	机器人搬运单元将物料瓶放入包装盒，一处功能不正确扣1分，扣完为止		
		智能仓储单元（8分）	智能仓储单元对包装盒进行入库，一处功能不正确扣1分，扣完为止		
		设备用气量（5分）	完成一个流程（4个瓶子颗粒填装+加盖拧盖+检测分拣+放入包装盒+入库），若没完成一个流程，该点不得分		
			（1）时间大于 a s，用气量小于 b L，得5分； （2）时间小于 a s，用气量大于 b L，得3分		
合计					

学生：_____ 老师：_____ 日期：_____

任务拓展

建立智能仓储仓位报警，在人工选择仓位时可能会出现所选仓位内已有物料的情况，若不人工取走物料，或重新选择仓位，堆垛机构将会在仓位前长久等待。故在人工设定存储仓位时，若是所选仓位已有物料，系统应提醒操作人员，告知仓库状态，令操作人员根据情况进行处理。

首先用 PLC 程序对所选工位是否已有物料进行判断，报警判断程序如图 11-11 所示。

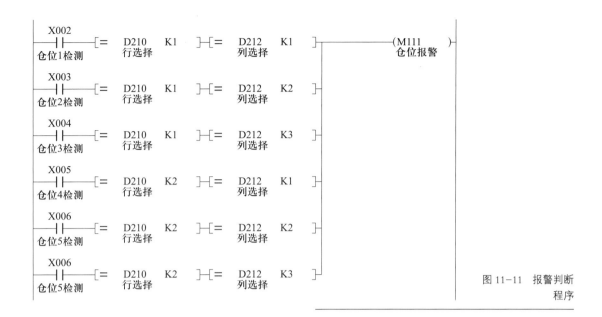

图 11-11 报警判断程序

通过 PLC 程序进行判断后,由触摸屏显示出提醒,建立一个标签设定其可见度,当所选工位已有物料时,显示于操作界面上,报警显示联接变量如图 11-12 所示。

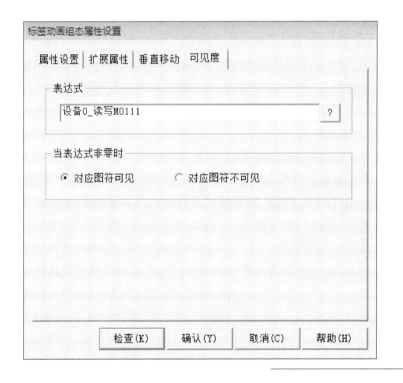

图 11-12 报警显示联接变量

当出现报警时,报警显示界面如图 11-13 所示。

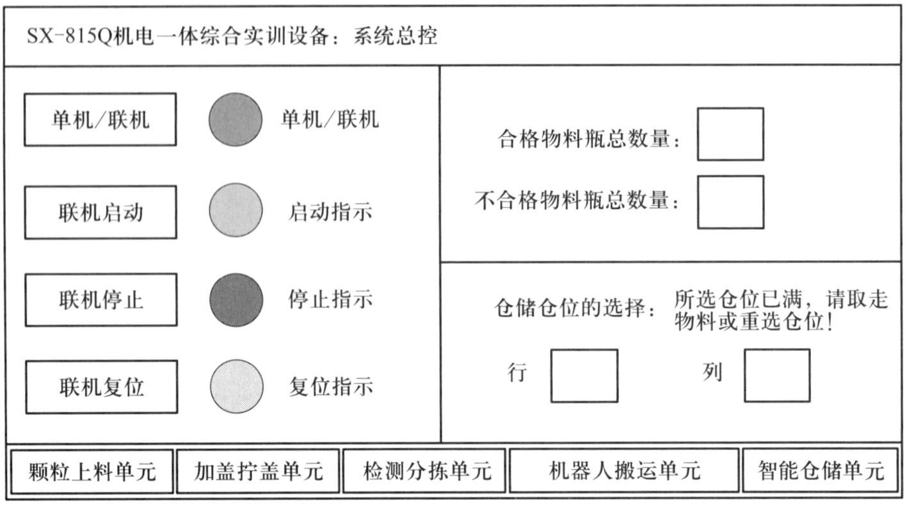

```
SX-815Q机电一体综合实训设备：系统总控

┌──────────┐   ○ 单机/联机         合格物料瓶总数量：┌──┐
│ 单机/联机 │                                        └──┘
└──────────┘
┌──────────┐   ○ 启动指示         不合格物料瓶总数量：┌──┐
│ 联机启动 │                                        └──┘
└──────────┘
┌──────────┐   ● 停止指示         仓储仓位的选择：所选仓位已满，请取走
│ 联机停止 │                                      物料或重选仓位！
└──────────┘
┌──────────┐   ○ 复位指示          行 ┌──┐    列 ┌──┐
│ 联机复位 │                          └──┘       └──┘
└──────────┘
颗粒上料单元  加盖拧盖单元  检测分拣单元  机器人搬运单元  智能仓储单元
```

图 11-13 报警显示
界面

任务 11-3　机电一体化设备的优化

✏️ **任务描述**

在 SX-815Q 机电一体化综合实训设备联机调试完成后,观察设备的运行情况,并根据实际运行情况对程序进行改进,提高系统的运行效率,使设备的运行更为流畅,缩短生产时间,减少用气量等,达到节能、安全的目的。

📂 **任务实施**

1. 调节用气量

设备中大部分的元件都为气动元件,绝大部分气动元件使用时只需要调整气阀,使设备运行流畅,并保证气管借口处不漏气,即可使用气量达到最优。而本设备中耗气量最大的为颗粒上料单元的取料吸盘;6 轴机器人搬运单元的机器人吸盘;智能仓储单元的拾取吸盘。

（1）降低气压值

设备使用时,对气压值一般是要求的。在本设备中能使气动原件稳定运行的气压值为 0.4～0.5 kPa,在实际使用时 0.4 kPa 的气压值已是满足设备的需求。故在设备使用时,可将各站的气压值设定为 0.4 kPa,既可保证设备的稳定运行又可减低用气量。

（2）机器人搬运单元用气量的优化

颗粒上料单元及智能仓储单元中吸盘的使用合理,无须多加修改。在机器人搬运单元中将吸盘搬运包装盒盖及搬运标签时间缩短,即可达到减少用气量的目的。

示例:原取标签子程序如下:

```
PROC rPickBottle( )
        WaitDI DI10, 1;
        MoveJ pQ1, v300, z20, tool0;
        MoveJ Offs( pPickQ1, 0, 0, 80 ), v600, z50, tool0;
        MoveL pPickQ1, v200, fine, tool0;
        WaitTime 0.5;
        Set DO14;
        WaitTime 0.5;
        MoveL Offs( pPickQ1, 0, 0, 80 ), v200, z30, tool0;
        MoveJ pQ2, v300, z20, tool0;
        rPlaceBottle;
    ENDPROC
```

将吸盘取签停顿时间由 0.5 s 降为 0.3 s,并将运行速度加快,程序更改如下:

```
PROC rPickBottle( )
        WaitDI DI10, 1;
        MoveJ pQ1, v400, z20, tool0;
        MoveJ Offs( pPickQ1, 0, 0, 80 ), v700, z50, tool0;
        MoveL pPickQ1, v300, fine, tool0;
        WaitTime 0.3;
        Set DO14;
        WaitTime 0.3;
        MoveL Offs( pPickQ1, 0, 0, 80 ), v300, z30, tool0;
        MoveJ pQ2, v400, z20, tool0;
        rPlaceBottle;
    ENDPROC
```

在不影响设备性能的情况下适量加快运行速度,可达到节能的效果。若是大型生产线在达到节能效果后,可节省消耗,降低生产成本。

2. 缩短生产时间

在生产线中,缩短生产时间是对生产效率最直接的提高。

缩短生产时间即是加快生产速度,在本设备中加盖拧盖单元、检测分拣单元及智能仓储单元在设备运行过程中无可"加快"之处。颗粒上料单元及机器人搬运单元还存在可优化之处,重点优化颗粒上料单元及机器人搬运单元。

(1)优化方式

颗粒上料单元在的料筒供料机构供料时,可根据所需填装类型,使料筒供料机构推出合适的颗粒。可使循环选料时间缩短。

机器人搬运单元在机器人运行速度上可适当提高,也可使生产时间缩短。

(2)具体优化过程

颗粒上料单元的料筒供料机构可根据填装类型设计出合适的推料方式。

示例:物料瓶需填装 4 颗(2 颗白色 +2 颗蓝色)物料,且要求先装两颗白色物料再装两颗蓝色物料,选料机构电动机无特定要求。则推料方式可为:推料气缸 A 先推出 2 颗白色物料,再由推料气缸 B 推出 2 颗蓝色物料,电动机在未找到所需颗粒时正向运行。

由于推料方式优化,颗粒在选料机构上的排列顺序为"白白蓝蓝"。故在进行循环选料时,选料机构可做到无间隔的选定所需颗粒。因此缩短了循环选料的时间。

机器人搬运单元编程时可将运行速度适量的提高,并缩短取料放料的时间。

具体优化方式可参考用气量的优化。

(3)运行时间的记录

设备优化后为了直观地将单个生产时间显示出来,在设备联机启动时开始计时,当第一个包装盒放入仓库时,计时停止。计时启动和复位程序分别如图 11-14、图 11-15 所示。

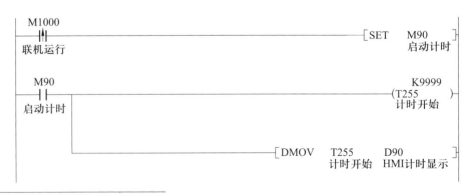

图 11-14　计时启动程序

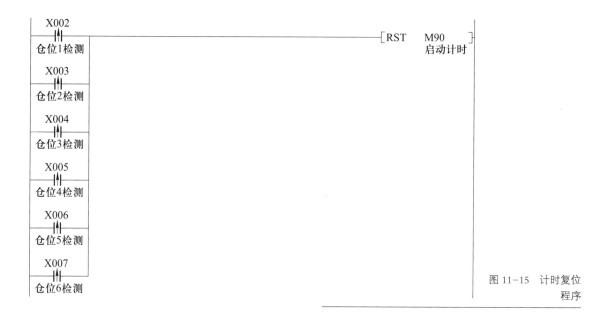

图 11-15　计时复位
程序

将程序中计时时间显示于 MCGS 触摸屏中,即将寄存器 D90 关联到
MCGS 中的输入框,并设定为只读模式,即可在触摸屏上显示设备第一次运
行的单个时间。

🏷 任务拓展

使用游标卡尺测量设备中丝杠的螺距,根据螺距及电动机每转一圈的脉
冲数计算出电动机的脉冲当量。再根据电动机的脉冲当量及设备所需移动的
距离计算出 PLC 所需发出的脉冲数。

公式 1:脉冲当量 = 螺距 / 电动机每转一圈的脉冲数

公式 2:指令脉冲数 = 位移 / 指令脉冲当量

在使用时可自行修改伺服电动机及步进电动机参数,再根据电动机参数
获得电动机每转一圈所需脉冲数。

注意:若电动机带减速箱等部件,需将外带部件考虑进去。

示例:智能仓储单元升降电动机的脉冲当量的应用。

由游标卡尺测得丝杠螺距为 5 mm,并修改电动机参数,使电动机运行一
圈脉冲数为 5 000。

PA05:5000(每转的指令输入脉冲数),PA21:1001(功能选择)

根据公式 1 可计算出伺服电动机脉冲当量为 0.001。实际测量成品入仓
单元第 1 行到第 2 行的距离为 115 mm,再由公式 2 计算出智能仓储单元第 1

行到第 2 行升降电动机所需发出脉冲数为 115 000。

智能仓储单元旋转方向伺服电动机需根据旋转角度进行计算,机器人搬运单元步进电动机需根据驱动器的细分以及自身螺距进行计算分析。

附　录
江苏省省赛样题

任务 F-1　竞赛设备及任务

设备概要

竞赛平台是由三向智能科技股份有限公司提供的"SX-815Q 机电一体化综合实训设备",实物如图 F-1 所示。系统主要由颗粒上料单元、加盖拧盖单元、检测分拣单元、机器人搬运单元、智能仓储单元组成,实现空瓶上料、颗粒物料上料、物料分拣、颗粒填装、加盖、拧盖、物料检测、瓶盖检测、产品分拣、机器人搬运合格产品入盒、盒盖包装、贴标、入库等自动生产全过程。

系统的 5 个工作单元都配有独立的控制 PLC 和人机交互的按钮板,系统可以联机运行,同时各单元也可以单站运行。5 台 PLC 通过 RS-485 进行通信,以智能仓储工作单元作为主站,触摸屏与主站进行 485 通信。

视频:
国赛任务详解

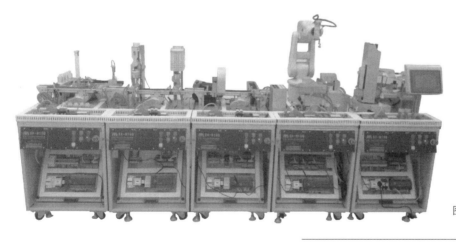

图 F-1　SX-815Q 机电
　　　一体化综合实训设备

作业过程

物料分拣装瓶过程如图 F-2 所示。颗粒上料单元上料传送带逐个将空瓶输送到主传送带;上料检测传感器检测到有空物料瓶到位,上料传送带停止;同时循环传送带机构将供料机构的物料推出,根据物料颗粒的颜色进行分拣;当空瓶到达填装位后,填装定位机构将空瓶固定,主传送带停止;填装机构将分拣到位的颗粒物料吸取放到空物料瓶内;物料瓶内填装物料到达设定的颗粒数量后,定位气缸松开,主传送带启动,将物料瓶输送到下一个工位。

图 F-2　物料分拣装瓶

加盖、拧盖如图 F-3 所示,物料瓶被输送到加盖拧盖单元的加盖机构下,加盖定位机构将物料瓶固定,加盖机构启动加盖流程,将盖子(白色或蓝色)加到物料瓶上;加上盖子的物料瓶继续被送往拧盖机构,到拧盖机构下方,拧盖定位机构将物料瓶固定,拧盖机构启动,将瓶盖拧紧。

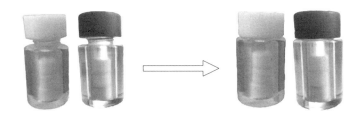

图 F-3　加盖、拧盖

拧盖完成的物料瓶送至检测分拣单元进行检测,判断物料瓶是否合格,合格品与不合格品如图 F-4 所示。进料检测传感器检测拧盖完成的物料瓶是否到位,回归反射传感器检测瓶盖是否拧紧;拱形门机构检测物料瓶内部颗粒是否符合要求;对拧盖与颗粒均合格的物料瓶进行瓶盖颜色判别区分;拧盖或颗粒不合格的物料瓶被分拣机构推送到废品传送带上(辅传送带);拧盖与颗粒均合格的物料瓶被输送到主传送带末端,等待机器人搬运。

图 F-4　合格品与不合格品　　　　合格品　　　　　　　　　　不合格品

机器人搬运单元由两个升降台机构存储包装盒和包装盒盖,物料瓶包装过程如图 F-5 所示。升降台 A 将包装盒推向物料台上;6 轴机器人将物料瓶抓取放入物料台上的包装盒内;包装盒 4 个工位放满物料瓶后,6 轴机器人从升降台 B 上吸取盒盖,盖在包装盒上;6 轴机器人根据瓶盖的颜色对盒盖上标签位分别进行贴标,贴完 4 个标签后通知智能仓储单元入库。

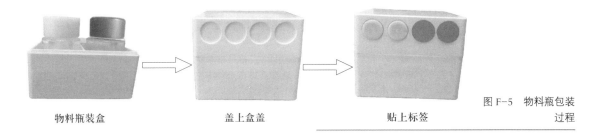

物料瓶装盒　　　　　　盖上盒盖　　　　　　贴上标签

图 F-5　物料瓶包装过程

智能仓储单元堆垛机构把机器人搬运单元物料台上的包装盒体吸取出来,然后按要求依次放入仓储相应仓位。2×3 的仓库每个仓位均安装一个检测传感器,堆垛机构水平轴为一个精密转盘机构,垂直机构为涡轮丝杠升降机构,均由精密伺服电动机进行高精度控制。

竞赛任务

1 个工作单元的运行调试与故障排除,1 个工作单元及模块的安装、编程与调试,机器人工作单元的机器人设置、编程与调试,其他若干工作单元的 PLC 编程与调试,生产线的全线运行与故障排除,生产线的组态控制与优化。

注意事项

(1)任务书 1 套,附页图纸 1 套,故障排查答卷纸 2 页,控制原理图答卷纸 1 页,设备说明书答卷纸 1 页,如出现任务书缺页、字迹不清等问题,及时向裁判申请更换任务书。

(2)竞赛任务完成过程配有两台编程计算机,参考资料(竞赛平台相关的器件手册等)放置在"D:\参考资料"文件夹下。

(3)参赛团队应在 6 小时内完成任务书规定内容;选手在竞赛过程中创建的程序文件应存储到"D:\技能竞赛\竞赛编号"文件夹下,未存储到指定位置的运行记录或程序文件均不予给分。

(4)选手提交的试卷不得出现学校、姓名等与身份有关的信息,否则成绩无效。

（5）由于错误接线、操作不当等原因引起 PLC、触摸屏、变频器、工业机器人控制器及 I/O 组件、伺服放大器的损坏，将依据大赛规程进行处理。

（6）在完成任务过程中，及时保存程序及数据。

任务 F-2　检测分拣单元的运行调试与故障排除

检测分拣单元的运行调试与故障排除要求见表 F-1。

表 F-1　检测分拣单元的运行调试与故障排除要求

分值	任务限时	信息资料	过程记录
10	40 min	D:\参考资料	填写答题纸 I

注意事项：比赛开始后 40 min，现场裁判收取《单元故障排查答题纸》并据此评定成绩，选手不可以申请设备故障恢复，但可以在后续比赛时间内继续排除故障以完成其他比赛任务。如果排查表上行数不足，可自行追加表格进行填写。

概要

检测分拣单元如图 F-6 所示，采用光纤传感器对物料分拣装瓶进行质量检测。在安装检测分拣单元的过程中，可能伴有线路或器件接头接触不良、信号传输不稳定、器件设置使用不合理、机械装配误差过大等状况，诸如此类的设备硬件故障会影响程序的自动运行，并容易导致生产线出现误检。

设备状态：工作单元已完成安装接线与编程，尚未运行调试。

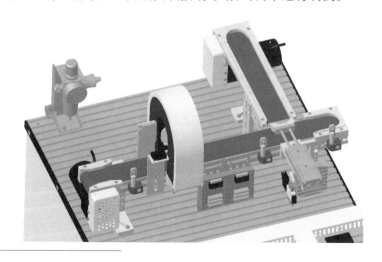

图 F-6　检测分拣单元

🎯 **任务**

任务是对检测分拣单元进行运行调试,排除电气线路及元器件等故障,确保本单元内电路、气路及机械机构能正常运行。

需要确认以下动作流程是否正常:

(1)上电,系统处于停止状态下。停止指示灯亮,启动和复位指示灯灭。

(2)在停止状态下,按下复位按钮,本单元复位,复位过程中,复位指示灯闪亮,所有机构回到初始位置。复位完成后,复位指示灯常亮,启动和停止指示灯灭。运行或复位状态下,按启动按钮无效。

(3)在复位就绪状态下,按下启动按钮,本单元启动,启动指示灯亮,停止和复位指示灯灭。

(4)主传送带启动并运行,拱形门灯带蓝灯常亮。

(5)将放有3颗物料并旋紧蓝色瓶盖的物料瓶手动放到本单元的起始端;

(6)当进料检测传感器检测到有物料瓶且旋紧检测传感器无动作,经过检测装置时,拱形门灯带绿灯常亮,蓝灯熄灭,物料瓶即被输送到主传送带的末端,出料检测传感器动作,人工拿走物料瓶,拱形门灯带绿灯熄灭,蓝灯常亮。

(7)将放有3颗物料并旋紧白色瓶盖的物料瓶手动放到本单元起始端。

(8)当进料检测传感器检测到有物料瓶且旋紧检测传感器无动作,经过检测装置时,拱形门灯带绿灯闪亮($f=1$ Hz),蓝灯熄灭,物料瓶被输送到主传送带的末端,出料检测传感器动作,人工拿走物料瓶,拱形门灯带绿灯熄灭,蓝灯常亮。

(9)将放有2颗或4颗物料并旋紧瓶盖的物料瓶手动放到本单元起始端。

(10)当进料检测传感器检测到有物料瓶且旋紧检测传感器无动作,经过检测装置时,拱形门灯带红灯闪亮($f=1$ Hz),蓝灯熄灭,物料瓶经过不合格到位检测传感器时,传感器动作,触发分拣气缸电磁阀得电,当到达分拣气缸位置时即被推到辅传送带上,拱形门灯带红灯熄灭,蓝灯常亮。

(11)将放有3颗物料并未旋紧瓶盖的物料瓶手动放到本单元起始端。

(12)当进料检测传感器检测到有物料瓶且旋紧检测传感器有动作,经过检测装置时,拱形门灯带红灯常亮,蓝灯熄灭,物料瓶经过不合格到位检测传感器时,传感器动作,触发分拣气缸电磁阀得电,当到达分拣气缸位置时即被推到辅传送带上,拱形门灯带红灯熄灭,蓝灯常亮。

（13）在任何启动运行状态下,按下停止按钮,本单元停止工作,停止指示灯亮,启动和复位指示灯灭。

初始位置

主传送带停止;辅传送带停止;分拣气缸缩回;检测装置灯带不亮;单元工作气压 0.4 ~ 0.5 MPa。

电气部分说明

PLC 地址分配见表 F-2。

表 F-2　PLC 地址分配

序号	地址	功能描述	序号	地址	功能描述
1	X00	进料检测传感器感应到物料,X00 闭合	12	X14	3 颗料位检测
2	X01	旋紧检测传感器感应到瓶盖,X01 闭合	13	X15	4 颗料位检测
3	X03	瓶盖颜色传感器感应到蓝色,X03 闭合	14	Y00	Y00 闭合,主传送带运行
4	X04	瓶盖颜色传感器感应到白色,X04 闭合	15	Y01	Y01 闭合,辅传送带运行
5	X05	不合格到位检测传感器感应到物料,X05 闭合	16	Y02	Y02 闭合,拱形门灯带绿灯常亮
6	X06	出料检测传感器感应到物料,X06 闭合	17	Y03	Y03 闭合,拱形门灯带红灯常亮
7	X07	分拣气缸退回限位感应,X07 闭合	18	Y04	Y04 闭合,拱形门灯带蓝灯常亮
8	X10	按下启动按钮,X10 闭合	19	Y05	Y05 闭合,分拣气缸伸出
9	X11	按下停止按钮,X11 闭合	20	Y10	Y10 闭合,启动指示灯亮
10	X12	按下复位按钮,X12 闭合	21	Y11	Y11 闭合,停止指示灯亮
11	X13	按下联机按钮,X13 闭合	22	Y12	Y12 闭合,复位指示灯亮

⚒ 设备图纸及资料

设备模型图、单元装配图、检测装置装配图、主传送带装配图、辅传送带装配图、设备气路连接图、设备电气原理图。

任务 F-3 加盖拧盖单元的电路设计、安装接线与编程调试

加盖拧盖单元的电路设计、安装接线与编程调试要求见表 F-3。

表 F-3 检测分拣单元的运行调试与故障排除要求

分值	任务限时	信息资料	过程记录
22	无	D:\参考资料	填写答题纸Ⅱ D:\技能竞赛\竞赛编号

✎ 概要

利用客户采购回来的器件及材料,团队负责完成加盖拧盖单元的控制设计、安装、编程与调试工作,以便生产线后期能够实现生产过程自动化,加盖拧盖单元如图 F-7 所示。

设备状态:工作单元已完成器件及原材料采购和挂板的电气安装,尚未开展台面模块的安装、编程调试工作。

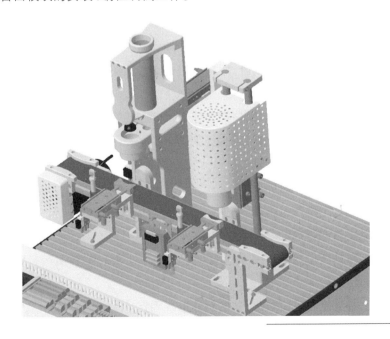

图 F-7 加盖拧盖单元

任务

完成加盖拧盖单元桌面上的机械安装、PLC 控制原理图设计、电气接线、气路连接,并根据下列原则完成本单元的编程与调试工作。

在任务完成时,需要检查确认以下动作流程是否正常:

(1)上电,系统自动处于停止状态。停止指示灯亮,启动和复位指示灯灭。

(2)在停止状态下,按下复位按钮,本单元复位,其他运行状态下,按复位按钮无效;复位过程中,复位指示灯闪亮,所有机构回到初始位置;复位完成后,复位指示灯常亮,启动和停止指示灯灭。

(3)在复位就绪状态下,按下启动按钮,启动指示灯亮,复位指示灯灭,单元进入启动状态。

(4)主传送带启动并运行。

(5)将无盖物料瓶手动放到本单元起始端。

(6)当加盖位检测传感器检测到有物料瓶,并等待物料瓶运行到加盖工位下方时,停止。

(7)加盖定位气缸推出,将物料瓶准确固定。

(8)如果加盖机构内无瓶盖,即瓶盖料筒检测传感器不得电,加盖机构不动作:

① 红色停止指示灯闪亮(f=2 Hz)。

② 将盖子手动放入后,瓶盖料筒检测传感器感应到瓶盖,红色指示灯熄灭。

③ 加盖机构开始运行,继续第(9)步动作。

(9)如果加盖机构有瓶盖,瓶盖料筒检测传感器得电,加盖伸缩气缸推出,将瓶盖推到落料口。

(10)加盖升降气缸伸出,将瓶盖压下。

(11)瓶盖准确落在物料瓶上,无偏斜。

(12)加盖伸缩气缸缩回。

(13)加盖升降气缸缩回。

(14)加盖定位气缸缩回。

(15)主传送带启动。

(16)当拧盖位检测传感器检测到有物料瓶,并等待物料瓶运行到拧盖工位下方时,传送带停止。

(17)拧盖定位气缸推出,将物料瓶准确固定。

（18）拧盖电动机开始旋转。

（19）拧盖升降气缸下降。

（20）瓶盖完全被拧紧。

（21）拧盖电动机停止运行。

（22）拧盖升降气缸缩回。

（23）主传送带启动。

（24）当物料瓶输送到主传送带末端后，人工拿走物料瓶。重复第
（4）~（24）步，直到 4 个物料瓶与 4 个瓶盖用完为止，每次循环内，任何一步
动作失误，该步都不得分。

（25）在运行状态下按停止按钮，单元进入停止状态，所有运动机构停止
动作，而在就绪状态下按此按钮无效；停止指示灯亮，运行指示灯灭。

初始位置

主传送带停止；加盖定位气缸缩回；加盖伸缩气缸缩回；加盖升降气缸缩
回；拧盖定位气缸缩回；拧盖电动机停止；拧盖升降气缸伸出；单元工作气压
0.4 ~ 0.5 MPa。

机械部分

加盖拧盖单元机构总体布局如图 F–8 所示。

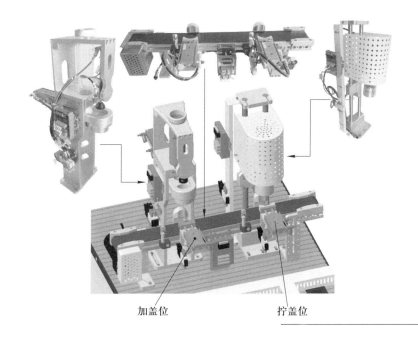

加盖位　　　拧盖位

图 F–8　加盖拧盖单元
机构总体布局

电气部分

控制面板如图 F-9 所示。

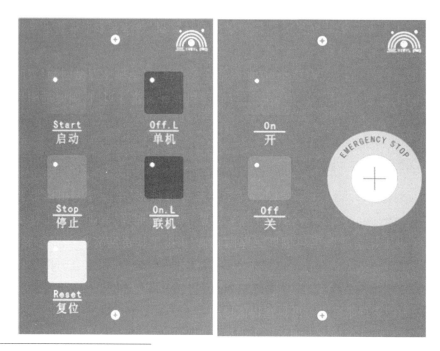

图 F-9　控制面板

控制面板地址与功能见表 F-4。

表 F-4　控制面板地址与功能

PLC 地址	功能描述
X10	按下启动按钮,X10 闭合
X11	按下停止按钮,X11 闭合
X12	按下复位按钮,X12 闭合
X13	按下联机按钮,X13 闭合
Y10	Y10 闭合,启动指示灯亮
Y11	Y11 闭合,停止指示灯亮
Y12	Y12 闭合,复位指示灯亮

加盖拧盖单元 37 针端子板如图 F-10 所示。

加盖拧盖单元 37 针端子板引脚分配见表 F-5。

图 F-10　加盖拧盖
单元 37 针端子板

表 F-5　加盖拧盖单元 37 针端子板引脚分配

引脚	线色	端子	线号	功能描述
		XT3-0	X00	瓶盖料筒感应到瓶盖,X0 闭合
		XT3-1	X01	加盖位传感器感应到物料,X1 闭合
		XT3-2	X02	拧盖位传感器感应到物料,X2 闭合
		XT3-3	X03	加盖伸缩气缸伸出前限位感应,X3 闭合
		XT3-4	X04	加盖伸缩气缸缩回后限位感应,X4 闭合
		XT3-5	X05	加盖升降气缸上限位感应,X5 闭合
		XT3-6	X06	加盖升降气缸下限位感应,X6 闭合
		XT3-7	X07	加盖定位气缸后限位感应,X7 闭合
		XT3-12	X14	拧盖升降气缸上限位感应,X14 闭合
		XT3-13	X15	拧盖定位气缸后限位感应,X15 闭合
		XT2-0	Y00	Y0 闭合,主传送带运行
		XT2-1	Y01	Y1 闭合,拧盖电动机运行
		XT2-2	Y02	Y2 闭合,加盖伸缩气缸伸出
		XT2-3	Y03	Y3 闭合,加盖升降气缸下降
		XT2-4	Y04	Y4 闭合,加盖定位气缸伸出
		XT2-5	Y05	Y5 闭合,拧盖升降气缸下降
		XT2-6	Y06	Y6 闭合,拧盖定位气缸伸出
		XT1\XT4	PS13+（+24 V）	24 V 电源正极
		XT5	PS13-（0 V）	24 V 电源负极

加盖模块 15 针端子板如图 F-11 所示。

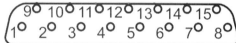

图 F-11　加盖模块 15 针端子板

加盖模块 15 针端子板引脚分配见表 F-6。

表 F-6　加盖模块 15 针端子板引脚分配

引脚	线色	端子	线号	功能描述
		XT3-0	X00	瓶盖料筒检测传感器
		XT3-1	X03	加盖伸缩气缸前限位
		XT3-2	X04	加盖伸缩气缸后限位
		XT3-3	X05	加盖升降气缸上限位
		XT3-4	X06	加盖升降气缸下限位
		XT3-5	Y02	加盖伸缩气缸电磁阀
		XT3-6	Y03	加盖升降气缸电磁阀
		XT2	PS13+（+24 V）	24 V 电源正极
		XT1	PS13-（0 V）	24 V 电源负极

拧盖模块 15 针端子板如图 F-12 所示。

图 F-12 拧盖模块 15 针端子板

拧盖模块 15 针端子板引脚分配见表 F-7。

表 F-7 拧盖模块 15 针端子板引脚分配

引脚	线色	端子	线号	功能描述
		XT3-0	X14	拧盖升降气缸上限
		XT3-5	Y05	拧盖升降气缸电磁阀
		XT2	PS13+（+24 V）	24 V 电源正极
		XT1	PS13-（0 V）	24 V 电源负极

传送带模块 15 针端子板如图 F-13 所示。

传送带模块 15 针端子板引脚分配见表 F-8。

图 F-13　传送带模块
15 针端子板

表 F-8　传送带模块 15 针端子板引脚分配

引脚	线色	端子	线号	功能描述
		XT3-0	X01	加盖位检测传感器
		XT3-1	X02	拧盖位检测传感器
		XT3-2	X07	加盖定位气缸后限位
		XT3-3	X15	拧盖定位气缸后限位
		XT3-5	Y04	加盖定位气缸电磁阀
		XT3-6	Y06	拧盖定位气缸电磁阀
		XT2	PS13+（+24 V）	24 V 电源正极
		XT1	PS13-（0 V）	24 V 电源负极

✘　设备图纸及资料

　　单元模型图、单元装配图、加盖机构装配图、拧盖机构装配图、传送带机构
装配图、气路连接图、电气原理图、挂板接线图、模型接线图。

任务 F−4　机器人搬运单元机器人设置与编程调试

机器人搬运单元机器人设置与编程调试要求见表 F−9。

表 F−9　机器人单元机器人设置与编程调试要求

分值	任务限时	信息资料	过程记录
20	无	D:\ 参考资料	D:\ 技能竞赛 \ 竞赛编号

✎　**概要**

机器人搬运单元如图 F−14 所示。利用客户采购的工业机器人,完成机器人相关设置及编程工作,对 PLC 中的程序进行运行调试,对分拣检测单元已放置好的物料瓶完成包装任务。

设备状态：控制挂板及台面所有模块均已完成安装与接线,机器人还没有进行设置和编程,PLC 程序已下载到控制器但尚未运行调试。

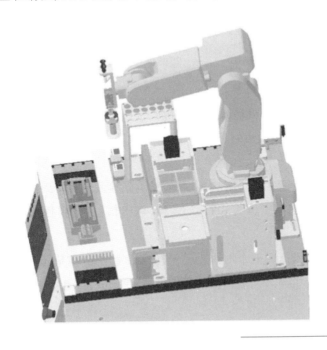

图 F−14　机器人搬运单元

◎　**任务**

根据下列原则和要点完成本单元的机器人设置(系统 I/O 配置、信号建立、计数器校准)、编程与 PLC 运行调试工作。在任务完成时,需要检查确认

以下工作:

（1）已经完成工作单元的硬件测试,并确保元器件的动作准确无误（手动打点）。

（2）机器人在安全工作区域内运行,其作业过程无运动干涉,机器人程序手动运行验证后方可进入自动运行模式（安全确认）。

（3）PLC 启动后控制程序能够被正确执行（PLC 运行状况评估）。

（4）本单元运行与功能要求一致（程序控制功能评估）。

需要确认以下动作流程是否正常:

（1）该单元在单机状态,机器人切换到自动运行状态,按复位按钮,单元复位,机器人安全回到原点位置 pHome。

（2）复位灯（黄色）闪亮显示。

（3）停止灯（红色）熄灭。

（4）启动灯（绿色）熄灭。

（5）所有部件回到初始位置。

（6）复位灯（黄色）常亮,系统进入就绪状态。

（7）第一次按启动按钮,机器人搬运单元盒盖升降机构的推料气缸将物料盒底推出到包装工作台上。

（8）同时定位气缸伸出。

（9）物料台检测传感器动作。

（10）本单元上的机器人开始执行瓶子搬运功能:机器人从检测分拣单元的出料位将物料瓶搬运到包装盒中,合理规划路径,搬运过程中不得与任何机构发生碰撞。

① 机器人搬运完一个物料瓶后,若检测到检测分拣单元的出料位无物料瓶,则机器人回到原点位置 pHome 等待,等出料位有物料瓶,再进行下一个的抓取。

② 机器人搬运完一个物料瓶后,若检测到检测分拣单元的出料位有物料瓶等待抓取,则机器人无须再回到原点位置 pHome,可直接进行抓取,以提高工作效率。

（12）包装盒中装满 4 个物料瓶后,机器人回到原点位置 pHome,即使检测检测分拣单元的出料位有物料瓶,机器人也不再进行抓取,物料瓶工位示意如图 F-15 所示。

（13）推料气缸缩回。

（14）第二次按启动按钮,机器人开始自动执行盒盖搬运功能:机器人从原点位置 pHome 到包装盒盖位置,用吸盘将包装盒盖吸取并盖到包装盒上。合理规划路径,加盖过程中不得与任何机构发生碰撞,盖好后回到原点位置 pHome。

（15）第三次按启动按钮,机器人开始自动执行标签搬运功能:机器人从 pHome 点到标签台位置,用吸盘依次将 3 个蓝色和 1 个白色标签吸取并贴到包装盒盖上。合理规划路径,贴标过程中不得与任何机构发生碰撞。标签摆放及吸取顺序示意如图 F-16 所示。

图 F-15　物料瓶工位示意

图 F-16　标签摆放及吸取顺序示意

（16）机器人每贴完一个标签,无须回到原点位置 pHome,贴满 4 个标签后回到原点位置 pHome。机器人贴标工位如图 F-17 所示。

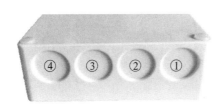

图 F-17　贴标工位示意

（17）机器人贴完标签,定位气缸缩回,等待入库。

（18）系统在运行状态按停止按钮,本单元进入停止状态,即机器人停止运动,但机器人夹具要保持当前状态以避免物料掉落,而就绪状态下按此按钮无效。

初始位置

盒盖升降机构处于升降原点位置;盒底升降机构处于升降原点位置;定位气缸处于缩回状态;推料气缸处于缩回状态;机器人夹具吸盘垂直朝上（处于关闭状态）、夹爪朝下（处于张开状态）;单元工作气压 0.4 ~ 0.5 MPa。

电气部分说明

PLC 与机器人的地址分配见表 F-10。

表 F-10 PLC 与机器人的地址分配

PLC	I10	机器人	功能描述
X20	←	OUT1	Auto On 机器人处于自动模式,X20 闭合
X21	←	OUT2	未使用
X22	←	OUT3	Emergency Stop 机器人急停中,X22 闭合
X23	←	OUT4	Execution Error 机器人报警,X23 闭合
X24	←	OUT5	Motor On 机器人电动机上电,X24 闭合
X25	←	OUT6	Cycle On 机器人程序正在运行中,X25 闭合
X26	←	OUT7	回到原点位置,X26 闭合
X27	←	OUT8	搬运物料瓶完成一次,X27 闭合
X30	←	OUT9	搬运盖完成,X30 闭合
X31	←	OUT10	搬运标签完成一次,X31 闭合
X32	←	OUT11	运行中 Runing,X32 闭合
X33	←	OUT12	未使用
		OUT14	机器人气爪
		OUT15	机器人吸盘 A
		OUT16	机器人吸盘 B
Y20	→	IN1	Y20 闭合,Stop 机器人程序停止运行
Y21	→	IN2	未使用
Y22	→	IN3	Y22 闭合,Motors On 机器人电动机上电
Y23	→	IN4	Y23 闭合,Start At Main 从机器人主程序启动
Y24	→	IN5	Y24 闭合,Reset Execution Error Signal 机器人报警复位
Y25	→	IN6	Y25 闭合,Motors Off 机器人电动机下电
Y26	→	IN7	未使用
Y27	→	IN8	未使用
Y30	→	IN9	Y30 闭合,机器人开始搬运

PLC	I10	机器人	功能描述
Y31	➡	IN10	Y31 闭合,机器人搬运物料瓶
Y32	➡	IN11	Y32 闭合,机器人搬运盒盖
Y33	➡	IN12	Y33 闭合,机器人搬运标签
Y34	➡	IN13	Y34 闭合,标签颜色选择
Y35	➡	IN14	未使用
Y36	➡	IN15	未使用
Y37	➡	IN16	未使用

✖ 设备图纸及资料

电子版:单元模型图、盒盖升降机构装配图、气路连接图、电气原理图。

任务 F-5 自动化生产线的故障排除、编程与调试

任务 F-5-1 颗粒上料单元模块安装、编程与调试

颗粒上料单元模块安装、编程与调试要求见表 F-11。

表 F-11 颗粒上料单元模块安装、编程与调试要求

分值	任务限时	信息资料	过程记录
14	无	D:\ 参考资料	D:\ 技能竞赛\竞赛编号

✐ 概要

颗粒上料单元如图 F-18 所示。完成桌面上未完成模块的安装及接线工作,对本单元设备进行测试,按功能要求编写 PLC 控制程序,并对其进行调试,以便生产线后期能够实现生产过程自动化。

设备状态:除循环选料机构外,控制挂板及台面其余模块均已经完成安装及接线,尚未进行测试,PLC 控制程序尚未编写。

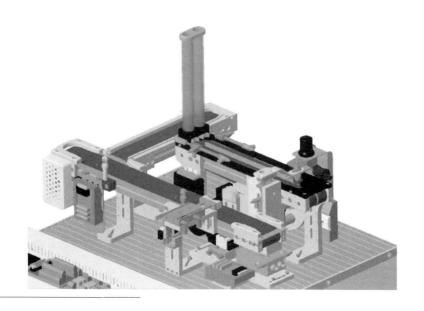

图 F-18　颗粒上料单元

🎯 任务

完成颗粒上料单元桌面上剩余机构的机械安装、电气接线、气路连接,并根据下列原则完成颗粒上料单元的编程与调试工作。

在任务完成时,你需要检查确认以下工作:

(1)已经完成本单元设备的测试,并确保元器件的动作准确无误(手动打点)。

(2)PLC 启动后控制程序能够被正确执行(PLC 运行状况评估)。

(3)单元运行与功能要求一致(程序控制功能评估)。

需要确认以下动作流程是否正常:

(1)上电,系统处于停止状态。停止指示灯亮,启动和复位指示灯灭。

(2)在停止状态下,按下复位按钮,本单元复位,复位过程中,复位指示灯闪亮,所有机构回到初始位置。复位完成后,复位指示灯常亮,启动和停止指示灯灭。运行或复位状态下,按启动按钮无效。

(3)在复位就绪状态下,按下启动按钮,本单元启动,启动指示灯亮,停止和复位指示灯灭。

(4)推料气缸 A 推出 6 颗白色物料,推料气缸 B 推出 3 颗蓝色物料。

(5)循环传送带启动并高速运行,变频器以 50 Hz 频率输出。

(6)当循环传送带机构上的颜色确认检测传感器检测到有蓝色物料通过时,变频器反转,并以 20 Hz 频率输出,如果超过 10 s,仍没有检测到蓝色物料通过,则重新开始第(4)步。

（7）当蓝色物料到达取料位后,颗粒到位检测传感器动作,循环传送带停止。

（8）填装机构下降。

（9）吸盘打开,吸住物料。

（10）填装机构上升。

（11）填装机构转向装料位。

（12）在第（4）步开始的同时,上料传送带与主传送带同时启动,当物料瓶上料检测传感器检测到空瓶时,上料传送带停止;当主传送带上的空瓶移动一段距离后,上料传送带继续动作,将空瓶以小于 20 cm 的间隔逐个输送到主传送带。

（13）当颗粒填装位检测传感器检测到空瓶,并等待空瓶到达填装位时,主传送带停止,填装定位气缸伸出,将空瓶固定。

（14）当第（11）步和第（13）都完成后,填装机构下降。

（15）填装机构下降到吸盘填装限位开关感应到位后,吸盘关闭,物料顺利放入瓶子,无任何碰撞现象。

（16）填装机构上升。

（17）填装机构转向取料位。

（18）当物料瓶装满 1 颗蓝色物料后,再进行白色物料填装,步骤参考蓝色物料填装。

（19）物料瓶装满 4 颗（1 颗蓝色 +3 颗白色）物料,进入第（20）步;否则重新开始第（7）步。

（20）定位气缸缩回。

（21）主传送带启动,将物料瓶输送到下一工位。

（22）循环进入第（6）步,进行下一个物料瓶的填装。

（23）在任何启动运行状态下,按下停止按钮,若当前填装机构吸有物料,则应在完成第（16）步后停止;否则立即停止,所有机构不工作,停止指示灯亮,启动和复位指示灯熄灭。

初始位置

上料传送带停止;主传送带停止;推料气缸 A 缩回;推料气缸 B 缩回;定位气缸缩回;填装机构处于物料吸取位置上方;单元工作气压 0.4 ~ 0.5 MPa;上料传送带放置 6 个空瓶,料筒 A 内放置 20 颗白色物料,料筒 B 内放置 10颗粒蓝色物料。

机械部分说明

循环选料机构如图 F-19 所示。

图 F-19　循环选料机构　　　　(a) 整体结构　　　　(b) 零件构成

电气部分说明

控制面板如图 F-20 所示。

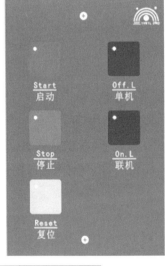

图 F-20　控制面板

控制面板地址与功能见表 F-12。

电动机控制电路如图 F-21 所示。

表 F-12　控制面板地址与功能

PLC 地址	功能描述
X10	按下启动按钮，X10 闭合
X11	按下停止按钮，X11 闭合
X12	按下复位按钮，X12 闭合
X13	按下联机按钮，X13 闭合
Y10	Y10 闭合，启动指示灯亮
Y11	Y11 闭合，停止指示灯亮
Y12	Y12 闭合，复位指示灯亮

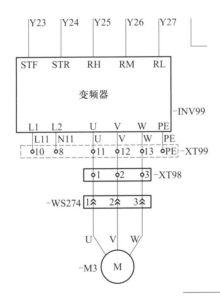

图 F-21　电动机控制电路

电动机控制电路见表 F-13。

表 F-13　电动机控制电路

PLC 地址	功能描述
Y23	Y23 闭合，变频电动机正转
Y24	Y24 闭合，变频电动机反转
Y25	Y25 闭合，变频电动机高速档
Y26	Y26 闭合，变频电动机中速档
Y27	Y27 闭合，变频电动机低速档

变频器参数设置要求见表 F-14。

表 F-14　变频器参数设置要求

序号	功能	设定值	序号	功能	设定值
1	外部 /PU 组合模式	3	5	变频电动机中速	30 Hz
2	变频器输出频率上限值	50 Hz	6	变频电动机低速	20 Hz
3	变频器输出频率下限值	10 Hz	7	加速时间	0.5 s
4	变频电动机高速	50 Hz	8	减速时间	0.5 s

循环选料机构端子板接线如图 F-22 所示。

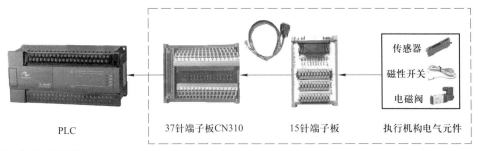

图 F-22　循环选料机构端子板接线

循环选料机构 15 针端子板如图 F-23 所示。

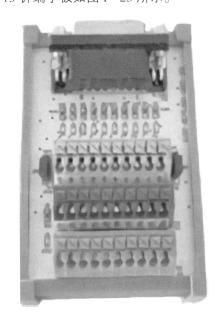

图 F-23　循环选料机构 15 针端子板

循环选料机构 15 针端子板的引脚分配见表 F-15。

表 F-15 循环选料机构 15 针端子板的引脚分配

引脚	线色	15 端子	线号	功能描述	37 端子
		XT3-0	X02	检测到颜色 A 物料，X2 闭合	XT3-2
		XT3-1	X03	检测到颜色 B 物料，X3 闭合	XT3-3
		XT3-2	X04	检测到料筒 A 物料，X4 闭合	XT3-4
		XT3-3	X05	检测到料筒 B 物料，X5 闭合	XT3-5
		XT3-4	X06	传送带取料位检测到物料，X6 闭合	XT3-6
		XT3-5	X21	推料气缸 A 前限感应，X21 闭合	XT3-9
		XT3-6	X22	推料气缸 B 前限感应，X22 闭合	XT3-10
		XT3-7	Y06	Y06 闭合，推料气缸 A 推料	XT2-6
		XT3-8	Y07	Y07 闭合，推料气缸 B 推料	XT2-7
		XT2	PS13+（+24 V）	24 V 电源正极	XT1\XT4
		XT1	PS13-（0 V）	24 V 电源负极	XT5

颗粒上料单元 PLC 地址分配见表 F-16。

表 F-16 颗粒上料单元 PLC 地址分配

序号	地址	功能描述	序号	地址	功能描述
1	X0	上料传感器感应到物料，X0 闭合	9	X10	按下启动按钮，X10 闭合
2	X1	颗粒填装位感应到物料，X1 闭合	10	X11	按下停止按钮，X11 闭合
3	X2	检测到颜色 A 物料，X2 闭合	11	X12	按下复位按钮，X12 闭合
4	X3	检测到颜色 B 物料，X3 闭合	12	X13	按下联机按钮，X13 闭合
5	X4	检测到料筒 A 有物料，X4 闭合	13	X14	填装升降气缸上限位感应，X14 闭合
6	X5	检测到料筒 B 有物料，X5 闭合	14	X15	填装升降气缸下限位感应，X15 闭合
7	X6	传送带取料位检测到物料，X6 闭合	15	X20	吸盘填装限位感应，X20 闭合
8	X7	定位气缸后限位感应，X7 闭合	16	X21	推料气缸 A 前限位感应，X21 闭合

序号	地址	功能描述	序号	地址	功能描述
17	X22	推料气缸 B 前限位感应, X22 闭合	27	Y7	Y7 闭合, 推料气缸 B 推料
18	X23	填装旋转气缸左限位感应, X23 闭合	28	Y10	Y10 闭合, 启动指示灯亮
19	X24	填装旋转气缸右限位感应, X24 闭合	29	Y11	Y11 闭合, 停止指示灯亮
20	Y0	Y0 闭合, 上料传送带运行	30	Y12	Y12 闭合, 复位指示灯亮
21	Y1	Y1 闭合, 主传送带运行	31	Y23	Y23 闭合, 变频电动机正传
22	Y2	Y2 闭合, 填装旋转气缸旋转	32	Y24	Y24 闭合, 变频电动机反转
23	Y3	Y3 闭合, 填装升降气缸下降	33	Y25	Y25 闭合, 变频电动机高速档
24	Y4	Y4 闭合, 吸盘拾取	34	Y26	Y26 闭合, 变频电动机中速档
25	Y5	Y5 闭合, 定位气缸伸出	35	Y27	Y27 闭合, 变频电动机低速档
26	Y6	Y6 闭合, 推料气缸 A 推料			

✖ 设备图纸及资料

电子版: 单元模型图、单元装配图、上料传送带装配图、主传送带机构装配图、填装机构装配图、循环传送带机构装配图、单元气路连接图、单元电气原理图。

电子版: 变频器技术手册《三菱 D700 系列变频器》。

任务 F-5-2　智能仓储单元编程与调试

智能仓储单元编程与调试要求见表 F-17。

表 F-17　智能仓储单元编程与调试要求

分值	任务限时	信息资料	过程记录
10	无	D:\ 参考资料	D:\ 技能竞赛 \ 竞赛编号

➤ 概要

智能仓储单元如图 F-24 所示。对已安装好的单元设备进行测试, 按功能要求编写 PLC 控制程序, 并对其进行调试, 以便生产线后期能够实现生产过程自动化。

初始状态：工作单元已完成安装及接线与编程，尚未调试运行。

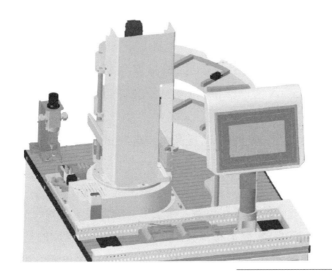

图 F-24　智能仓储单元

🎯 任务

根据下列原则完成检测分拣单元的编程与调试工作。

在任务完成时，需要检查确认以下工作：

（1）已经完成单元设备的测试，并确保器件的动作准确无误（手动打点）；

（2）PLC 启动后控制程序能够被正确执行（PLC 运行状况评估）；

（3）单元运行与功能要求一致（程序控制功能评估）。

需要确认以下动作流程是否正常：

（1）上电，系统处于复位状态下，启动和停止指示灯灭，本单元复位，复位过程中，复位指示灯闪亮，所有机构回到初始位置，复位完成后，复位指示灯常亮。运行状态下按复位按钮无效。

（2）在复位就绪状态下，按下启动按钮，本单元启动，启动指示灯亮，停止和复位指示灯灭。停止或复位未完成状态下，按启动按钮无效。

（3）第一次按启动按钮，堆垛机启动并运行，运行到包装工作台位置等待。

（4）第二次按启动按钮，堆垛机拾取气缸伸出到位。

（5）堆垛机拾取吸盘打开，吸住包装盒。

（6）堆垛机拾取气缸缩回，将包装盒完全托到堆垛机拾取托盘上，包装盒与包装工作台无任何接触。

（7）堆垛机构旋转到仓位1,堆垛机构旋转过程中,包装盒不允许与包装工作台或智能仓库发生任何摩擦或碰撞。

（8）如果当前仓位有包装盒存在,堆垛机构旋转到4号仓位,按照1,4,2,5,3,6顺序依次类推。

（9）如果当前仓位空,则堆垛机拾取气缸伸出,将包装盒完全推入到当前仓位中去,入仓过程中,包装盒不允许与智能仓库发生碰撞或顶住现象。

（10）堆垛机拾取吸盘关闭,松开包装盒。

（11）堆垛机拾取气缸缩回。

（12）堆垛机构回到包装工作台位置。

（13）再放一个包装盒到机器人搬运单元的包装工作台上,本单元将重复第（4）到第（13）步,包装盒将依次按顺序被送往相应仓位的空位中。

（14）在任何启动运行状态下,按下停止按钮,本单元立即停止,所有机构不工作,停止指示灯亮,启动和复位指示灯灭。

初始位置

堆垛机旋转机构处于旋转原点传感器位置;堆垛机升降机构处于升降原点传感器位置;堆垛机拾取机构伸缩气缸处于缩回状态;堆垛机拾取吸盘处于关闭状态;单元工作气压为 0.5 MPa±0.02 MPa。

电气部分

PLC 地址分配见表 F-18。

表 F-18　PLC 地址分配

序号	地址	功能描述	序号	地址	功能描述
1	X00	升降方向原点传感器感应到位,X00 断开	5	X04	仓位 3 检测传感器感应到物料,X04 闭合
2	X01	旋转方向原点传感器感应到位,X01 断开	6	X05	仓位 4 检测传感器感应到物料,X05 闭合
3	X02	仓位 1 检测传感器感应到物料,X02 闭合	7	X06	仓位 5 检测传感器感应到物料,X06 闭合
4	X03	仓位 2 检测传感器感应到物料,X03 闭合	8	X07	仓位 6 检测传感器感应到物料,X07 闭合

续表

序号	地址	功能描述	序号	地址	功能描述
9	X10	按下启动按钮,X10 闭合	19	X24	真空压力开关输出为 ON 时,X24 闭合
10	X11	按下停止按钮,X11 闭合	20	Y00	Y00 闭合,升降方向电动机旋转
11	X12	按下复位按钮,X12 闭合	21	Y01	Y01 闭合,旋转方向电动机旋转
12	X13	按下联机按钮,X13 闭合	22	Y03	Y03 闭合,升降方向电动机反转
13	X14	拾取气缸前限感应到位,X14 闭合	23	Y04	Y04 闭合,旋转方向电动机反转
14	X15	拾取气缸后限感应到位,X15 闭合	24	Y05	Y05 闭合,垛机拾取吸盘电磁阀启动
15	X20	旋转方向右极限感应到位,X20 闭合	25	Y06	Y06 闭合,垛机拾取气缸电磁阀启动
16	X21	旋转方向左极限感应到位,X21 闭合	26	Y10	Y10 闭合,启动指示灯亮
17	X22	升降方向上极限感应到位,X22 闭合	27	Y11	Y11 闭合,停止指示灯亮
18	X23	升降方向下极限感应到位,X23 闭合	28	Y12	Y12 闭合,复位指示灯亮

✖ 设备图纸及资料

电子版:单元模型图、装配图、气路连接图、电气原理图、接线图。

电子版:伺服驱动器技术手册《三菱 MR-J3》。

任务 F-5-3　自动化生产线的全线故障排除

自动化生产线的全线故障排除要求见表 F-19。

表 F-19　自动化生产线的全线故障排除要求

分值	任务限时	信息资料	过程记录
8	无	D:\参考资料	填写答题纸 Ⅲ

✐ **概要**

自动化生产线如图 F-25 所示。在设备安装过程中,可能伴有线路或器件接头接触不良、信号传输不稳定、器件设置使用不合理、机械装配误差过大等状况,诸如此类设备硬件故障会影响程序的自动运行,并容易造成安全事故。

设备状态:设备前期的安装接线工作未能进行细致排查和测试。

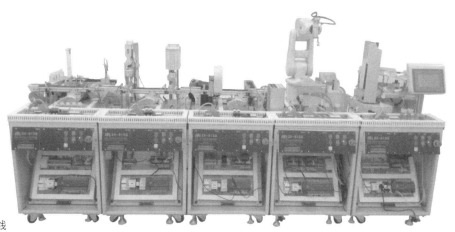

图 F-25　自动化生产线

◎ **任务**

对自动化生产线各单元进行运行调试,将所有任务开展过程中遇到的(除任务 F-1 外)故障现象进行记录,分析故障原因并提出解决办法,排除电气线路及元器件等故障,确保各单元内电路、气路及机械机构能正常运行。

完成答题纸 III 的故障排查表。如果排查表上行数不足,可自行追加表格进行填写。

✗ **设备图纸及资料**

电子版图纸:各单元模型图、装配图、气路连接图、电气原理图、接线图。

任务 F-6　自动化生产线系统编程与优化

自动化生产线系统编程与优化要求见表 F-20。

表 F-20 自动化生产线系统编程与优化要求

分值	任务限时	信息资料	过程记录
16	无	D:\参考资料	填写答题纸 IV D:\技能竞赛\竞赛编号

概要

自动化生产线如图 F-26 所示。在完成所有工作单元单机运行调试后，需要进行各单元的联网通信，优化 PLC 控制程序、编写触摸屏组态程序，最终实现生产线的联机运行功能。

设备状态：各工作单元均可单机运行，但缺少组态程和联网通信程序，不能满足全线联机运行要求。

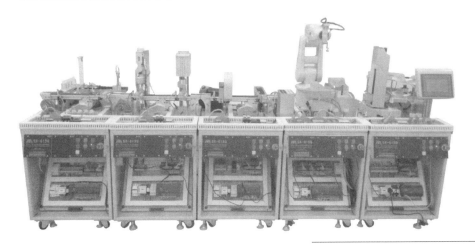

图 F-26 自动化生产线

任务

完善各工作单元的 PLC 通信程序，完善 PLC 的全线运行控制功能程序，编写触摸屏组态程序。

在任务完成时，需要检查确认以下工作：

（1）以智能仓储单元为主站组建 PLC 通信网络，并和触摸屏建立通信。

（2）触摸屏组态编程应包括以下各界面：触摸屏总控制画面、颗粒上料单元监控画面、加盖拧盖单元监控画面、检测分拣单元监控画面、工业机器人搬运监控画面、智能仓储单元监控画面。

（3）完善颗粒上料单元，在触摸屏上增加填装颗粒数量和颜色选择功能：在触摸屏上颗粒填装总数量可输入 3 或 4,白色料块数量可以输入 2 或 3,颗粒上料单元填装颗粒时按输入要求填装,同时触摸屏上实时显示填装数量。

（4）对自动化生产线的用气量进行优化,降低生产过程能源消耗。

（5）为客户编写设备操作说明书,描述清楚设备的使用与操作步骤,具体应包括生产准备、生产线站前准备动作、触摸屏操作、报警信息处理及注意事项等。

需要确认以下动作流程是否正常：

（1）按下各单元联机按钮,并在触摸屏系统总控画面中选择"联机"模式,系统进入联机运行状态。

（2）按下触摸屏上联机停止按钮,系统立即停止,触摸屏上系统停止指示灯亮,系统启动和系统复位指示灯灭。

（3）系统停止状态下,按联机复位按钮,系统开始复位,复位过程中系统复位指示灯闪亮,复位完成后,各单元进入就绪状态,触摸屏上系统复位指示灯常亮,系统启动和系统停止指示灯灭。其他状态下按联机复位按钮无效。

（4）系统复位就绪状态下,按触摸屏上联机启动按钮,系统启动,触摸屏上系统启动指示灯亮,系统复位和系统停止指示灯灭。其他状态下按联机启动按钮无效。

（5）颗粒上料单元启动并运行,主传送带启动。

（6）运行指示灯亮。

（7）在触摸屏上输入填装总颗粒数量 3 或 4,白色颗粒数量输入 2 或 3。

（8）颗粒上料单元填装完成设定数量后,填装定位机构松开。填装过程中在系统总控画面实时显示当前填装瓶中的总颗粒数和白色颗粒数,以及生产线累积填装颗粒总数。

（9）物料瓶输送到加盖拧盖单元,加盖拧盖单元传送带启动,分别将物料瓶送到加盖工位和拧盖工位进行加盖与拧盖；拧盖状态颗粒上料单元主传送带不启动,待拧盖完成后方可重新启动；加盖拧盖单元持续 5 s 没有新的物料瓶,则该单元传送带停止运行。

（10）加盖拧盖完成后,物料瓶输送到检测分拣单元。

（11）检测分拣单元主传送带启动,分别对物料瓶瓶盖的旋紧程度、瓶盖颜色及物料颗粒的数量（3 颗）进行检测,从而分拣出合格品与不合格品,并在系统总控画面实时显示生产线累积合格品数量和不合格品数量。合格物料瓶被送至主传送带末端等待机器人抓取,而不合格物料瓶会被推送至辅传送带上。当出现颗粒数不合格的物料瓶时,拱形门灯带红灯闪亮(f=1 Hz),总控触摸屏上出现"物料颗粒填充错误,请及时修改!"文字滚动报警信息。

（12）若检测分拣单元的合格品传送带末端等待机器人抓取时间超过3 s,颗粒上料单元将主、辅传送带和加盖拧盖单元传送带不启动,随后工作单元进入暂停状态,等待合格品被抓取后继续运行。

（13）机器人单元按照设定控制程序和机器人示教路径完成装瓶和贴标作业,要求任务 F-4 所描述的贴标工位号上的标签颜色与物料瓶工位号上的瓶盖颜色对应。

（14）机器人单元将完成的包装盒转运至触摸屏指定的仓储单元仓位。若指定仓位已有包装盒,则堆垛机不动作,总控触摸屏上出现"当前指定仓位已满,请手动清理仓库!"文字滚动报警信息,直至仓位传感器不动作时消失,堆垛机继续运行。

（15）选手需在总控画面上设置一个计时显示框,在第（4）步按联机启动按钮的同时,计时显示框开始计时,直到走完一个流程（4 个物料瓶进行颗粒填装 + 加盖拧盖 + 检测分拣 + 放入包装盒 + 入库）,计时停止。

（16）机器人搬运单元和检测分拣单元根据原设定程序完成相应流程（该项动作功能不配分）。

初始位置

参见任务 F-1 ~任务 F-4 中相关的描述。

系统网络结构

系统网络结构如图 F-27 所示。

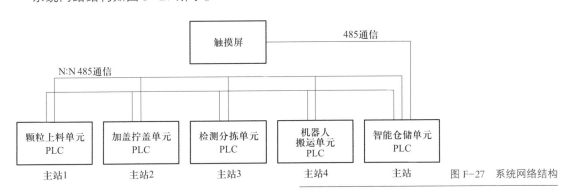

图 F-27　系统网络结构

组态画面要求

1. 系统总控画面

系统总控画面示意如图 F-28 所示。触摸屏组态画面要求区域划分、颜色分配（单机 / 联机 - 蓝色、联机启动 - 绿色、联机停止 - 红色、联机复位 - 黄色），各元件相对位置分配与画面一致。画面中彩色指示灯均指输入信息为 1 时的颜色，输入信息为 0 时指示灯保持灰色。系统总控画面监控数据见表 F-21。

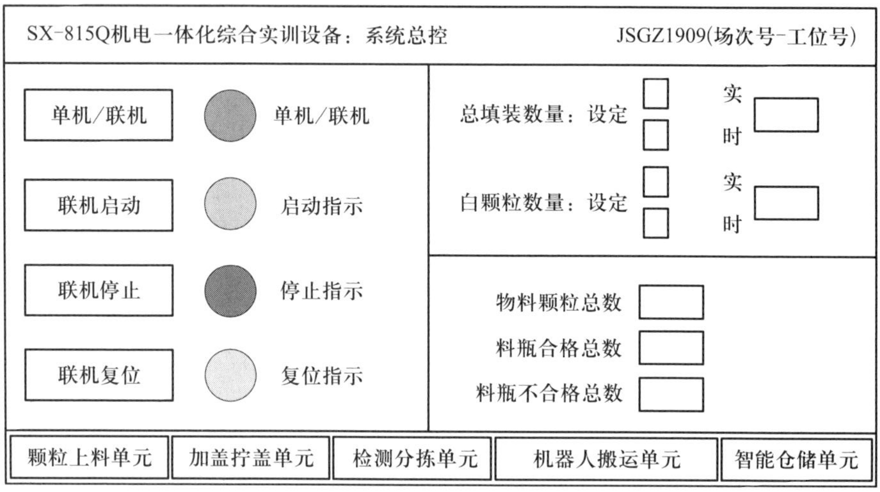

图 F-28 系统总控画面示意

表 F-21 系统总控画面监控数据

序号	名称	类型	功能说明
1	单机 / 联机	标准按钮	系统单机、联机模式切换
2	联机启动	标准按钮	系统联机启动
3	联机停止	标准按钮	系统联机停止
4	联机复位	标准按钮	系统联机复位
5	单机 / 联机	位指示灯	联机状态蓝色亮
6	启动指示	位指示灯	启动状态绿色亮
7	停止指示	位指示灯	停止状态红色亮
8	复位指示	位指示灯	复位状态黄色亮
9	总填装数量设定	模拟量输入框	决定单个瓶子填装颗粒总数量
10	白色颗粒填装数量设定	模拟量输入框	决定单个瓶子白色颗粒填装数量
11	总填装数量实时	模拟量显示框	显示当前瓶子填装颗粒总数量

续表

序号	名称	类型	功能说明
12	白色颗粒填装数量实时	模拟量显示框	显示当前瓶子白色颗粒填装数量
13	物料颗粒总数	模拟量显示框	显示当前已经完成的物料颗粒总数
14	物料瓶合格总数量	模拟量显示框	显示检测分拣单元已经检测合格的瓶子总数
15	物料瓶不合格总数量	模拟量显示框	显示检测分拣单元已经检测不合格的瓶子总数
17	颗粒上料单元	画面切换按钮	跳转到颗粒上料单元画面
18	加盖拧盖单元	画面切换按钮	跳转到加盖拧盖单元画面
19	检测分拣单元	画面切换按钮	跳转到检测分拣单元画面
20	机器人搬运单元	画面切换按钮	跳转到机器人搬运单元画面
21	智能仓储单元	画面切换按钮	跳转到智能仓储单元画面

2. 颗粒上料单元监控画面

颗粒上料单元监控画面示意如图 F-29 所示。输入信息为 1 时指示灯为绿色；输入信息为 0 时指示灯保持灰色。按钮强制输出 1 时为红色；按钮强制输出 0 时为灰色。触摸屏上应设置一个手动模式 / 自动模式按钮，只有在该按钮被按下，且单元处于"单机"状态，手动强制输出控制按钮有效。本单元监控数据见表 F-22。

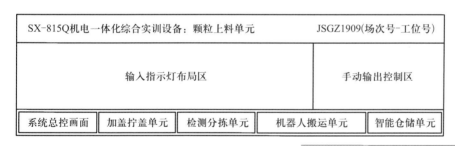

图 F-29　颗粒上料单元监控画面示意

表 F-22　颗粒上料单元监控数据

序号	名称	类型	功能说明
1	吸盘填装限位	位指示灯	吸盘填装限位指示灯
2	推料气缸 A 前限位	位指示灯	推料气缸 A 前限位指示灯
3	推料气缸 B 前限位	位指示灯	推料气缸 B 前限位指示灯
4	启动	位指示灯	启动状态指示灯
5	停止	位指示灯	停止状态指示灯
6	复位	位指示灯	复位状态指示灯

序号	名称	类型	功能说明
7	单／联机	位指示灯	单／联机状态指示灯
8	物料瓶上料检测	位指示灯	物料瓶上料检测指示灯
9	颗粒填装位检测	位指示灯	颗粒填装位检测指示灯
10	颜色确认 A 检测	位指示灯	颜色确认 A 检测指示灯
11	颜色确认 B 检测	位指示灯	颜色确认 B 检测指示灯
12	料筒 A 物料检测	位指示灯	料筒 A 物料检测指示灯
13	料筒 B 物料检测	位指示灯	料筒 B 物料检测指示灯
14	颗粒到位检测	位指示灯	颗粒到位检测指示灯
15	定位气缸后限位	位指示灯	定位气缸后限位指示灯
16	填装升降气缸上限位	位指示灯	填装升降气缸上限位指示灯
17	填装升降气缸下限位	位指示灯	填装升降气缸下限位指示灯
18	上料传送带电动机启停	标准按钮	上料传送带电动机启停手动输出
19	主传送带电动机启停	标准按钮	主传送带电动机启停手动输出
20	旋转气缸	标准按钮	旋转气缸电磁阀手动输出
21	升降气缸	标准按钮	升降气缸电磁阀手动输出
22	取料吸盘	标准按钮	取料吸盘电磁阀手动输出
23	定位气缸	标准按钮	定位气缸电磁阀手动输出
24	推料气缸 A	标准按钮	推料气缸 A 电磁阀手动输出
25	推料气缸 B	标准按钮	推料气缸 B 电磁阀手动输出
26	变频电动机正转	标准按钮	变频电动机正转手动输出
27	变频电动机反转	标准按钮	变频电动机反转手动输出
28	变频电动机高速	标准按钮	变频电动机高速手动输出
29	变频电动机中速	标准按钮	变频电动机中速手动输出
30	变频电动机低速	标准按钮	变频电动机低速手动输出
31	手动／自动	标准按钮	该按钮按下，本单元处于手动测试状态，手动强制输出控制按钮有效

3. 加盖拧盖单元监控画面

加盖拧盖单元监控画面示意如图 F-30 所示。画面颜色分配和触摸屏"手动模式／自动模式"按钮要求与颗粒上料单元组态画面相同,本单元监控数据见表 F-23。

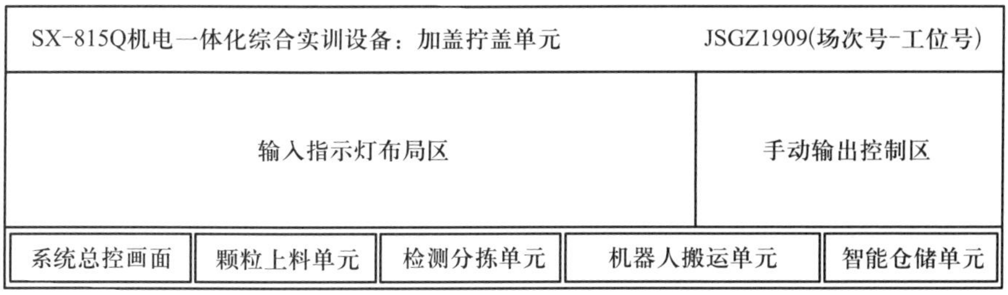

SX-815Q机电一体化综合实训设备：加盖拧盖单元	JSGZ1909(场次号-工位号)
输入指示灯布局区	手动输出控制区

系统总控画面	颗粒上料单元	检测分拣单元	机器人搬运单元	智能仓储单元

图 F-30　加盖拧盖单元监控画面示意

表 F-23　加盖拧盖单元监控数据

序号	名称	类型	功能说明
1	启动	位指示灯	启动状态指示灯
2	停止	位指示灯	停止状态指示灯
3	复位	位指示灯	复位状态指示灯
4	单／联机	位指示灯	单／联机状态指示灯
5	瓶盖料筒检测	位指示灯	瓶盖料筒检测指示灯
6	加盖位检测	位指示灯	加盖位检测指示灯
7	拧盖位检测	位指示灯	拧盖位检测指示灯
8	加盖伸缩气缸前限位	位指示灯	加盖伸缩气缸前限位指示灯
9	加盖伸缩气缸后限位	位指示灯	加盖伸缩气缸后限位指示灯
10	加盖升降气缸上限位	位指示灯	加盖升降气缸上限位指示灯
11	加盖升降气缸下限位	位指示灯	加盖升降气缸下限位指示灯
12	加盖定位气缸后限位	位指示灯	加盖定位气缸后限位指示灯
13	拧盖升降气缸上限位	位指示灯	拧盖升降气缸上限位指示灯
14	拧盖定位气缸后限位	位指示灯	拧盖定位气缸后限位指示灯
15	输送带电动机启停	标准按钮	输送带电动机启停控制输出
16	拧盖电动机启停	标准按钮	拧盖电动机启停控制输出
17	加盖伸缩气缸	标准按钮	加盖伸缩气缸电磁阀输出
18	加盖升降气缸	标准按钮	加盖升降气缸电磁阀输出
19	加盖定位气缸	标准按钮	加盖定位气缸电磁阀输出
20	拧盖升降气缸	标准按钮	拧盖升降气缸电磁阀输出
21	拧盖定位气缸	标准按钮	拧盖定位气缸电磁阀输出
22	手动模式／自动模式	标准按钮	该按钮按下，本单元处于手动测试状态，手动强制输出控制按钮有效。

4. 检测分拣单元监控画面

检测分拣单元监控画面示意如图 F-31 所示,画面颜色分配和触摸屏"手动模式／自动模式"按钮要求与颗粒上料单元组态画面相同,本单元监控数据见表 F-24。

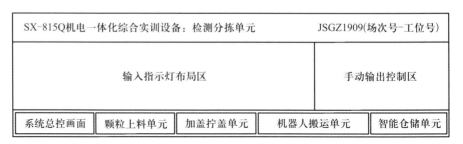

SX-815Q机电一体化综合实训设备:检测分拣单元				JSGZ1909(场次号-工位号)
输入指示灯布局区				手动输出控制区
系统总控画面	颗粒上料单元	加盖拧盖单元	机器人搬运单元	智能仓储单元

图 F-31　检测分拣单元监控画面示意

表 F-24　检测分拣单元监控数据

序号	名称	类型	功能说明
1	启动	位指示灯	启动状态指示灯
2	停止	位指示灯	停止状态指示灯
3	复位	位指示灯	复位状态指示灯
4	单／联机	位指示灯	单／联机状态指示灯
5	进料检测传感器	位指示灯	进料检测传感器指示灯
6	旋紧检测传感器	位指示灯	旋紧检测传感器指示灯
7	瓶盖蓝色检测传感器	位指示灯	瓶盖蓝色检测传感器指示灯
8	瓶盖白色检测传感器	位指示灯	瓶盖白色检测传感器指示灯
9	不合格到位检测传感器	位指示灯	不合格到位检测传感器指示灯
10	出料检测传感器	位指示灯	出料检测传感器指示灯
11	分拣气缸退回限位	位指示灯	分拣气缸退回限位指示灯
12	三颗料位检测	位指示灯	三颗料位检测指示灯
13	四颗料位检测	位指示灯	四颗料位检测指示灯
14	主传送带电动机启停	标准按钮	主传送带电动机启停,手动输出
15	辅传送带电动机启停	标准按钮	辅传送带电动机启停,手动输出
16	龙门灯带亮绿色	标准按钮	拱形门灯带亮绿色,手动输出
17	龙门灯带亮红色	标准按钮	拱形门灯带亮红色,手动输出
18	龙门灯带亮蓝色	标准按钮	拱形门灯带亮蓝色,手动输出
19	分拣气缸电磁阀	标准按钮	分拣气缸电磁阀,手动输出
20	手动模式／自动模式	标准按钮	该按钮按下,本单元处于手动测试状态,手动强制输出控制按钮有效

5. 机器人搬运单元监控画面

机器人搬运单元监控画面示意如图 F-32 所示,输入信息为 1 时指示灯为绿色,输入信息为 0 时指示灯保持灰色,本单元监控数据见表 F-25。

SX-815Q机电一体化综合实训设备:机器人搬运单元	JSGZ1909(场次号-工位号)
输入指示灯布局区	手动输出控制区
系统总控画面　颗粒上料单元　加盖拧盖单元　检测分拣单元　智能仓储单元	

图 F-32　机器人搬运单元监控画面示意

表 F-25　机器人搬运单元监控数据

序号	名称	类型	功能说明
1	启动	位指示灯	启动状态指示灯
2	停止	位指示灯	停止状态指示灯
3	复位	位指示灯	复位状态指示灯
4	单／联机	位指示灯	单／联机状态指示灯
5	升降台 A 原点	位指示灯	升降台 A 原点指示灯
6	升降台 A 上限位	位指示灯	升降台 A 上限位指示灯
7	升降台 A 下限位	位指示灯	升降台 A 下限位指示灯
8	升降台 B 原点	位指示灯	升降台 B 原点指示灯
9	升降台 B 上限位	位指示灯	升降台 B 上限位指示灯
10	升降台 B 下限位	位指示灯	升降台 B 下限位指示灯
11	推料气缸前限位	位指示灯	推料 A 前限位指示灯
12	推料气缸后限位	位指示灯	推料 A 后限位指示灯
13	手动模式／自动模式	标准按钮	该按钮按下,本单元处于手动测试状态,手动强制输出控制按钮有效

6. 智能仓储单元监控画面

智能仓储单元监控画面示意如图 F-33 所示。画面颜色分配和触摸屏"手动模式／自动模式"按钮要求与颗粒上料单元组态画面相同,本单元监控数据见表 F-26。

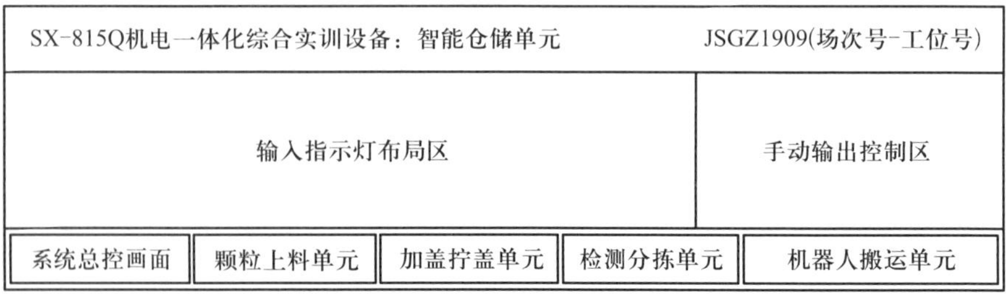

SX-815Q机电一体化综合实训设备：智能仓储单元				JSGZ1909(场次号-工位号)
输入指示灯布局区				手动输出控制区
系统总控画面	颗粒上料单元	加盖拧盖单元	检测分拣单元	机器人搬运单元

图 F-33　智能仓储
单元监控画面示意

表 F-26　智能仓储单元监控数据

序号	名称	类型	功能说明
1	启动	位指示灯	启动状态指示灯
2	停止	位指示灯	停止状态指示灯
3	复位	位指示灯	复位状态指示灯
4	单／联机	位指示灯	单／联机状态指示灯
5	仓位 1	位指示灯	仓位 1 指示灯
6	仓位 2	位指示灯	仓位 2 指示灯
7	仓位 3	位指示灯	仓位 3 指示灯
8	仓位 4	位指示灯	仓位 4 指示灯
9	仓位 5	位指示灯	仓位 5 指示灯
10	仓位 6	位指示灯	仓位 6 指示灯
11	升降原点	位指示灯	升降原点指示灯
12	升降上限	位指示灯	升降上限指示灯
13	升降下限	位指示灯	升降下限指示灯
14	旋转原点	位指示灯	旋转原点指示灯
15	旋转左限位	位指示灯	旋转左限位指示灯
16	旋转右限位	位指示灯	旋转右限位指示灯
17	拾取气缸前限位	位指示灯	拾取气缸前限位指示灯
18	拾取气缸后限位	位指示灯	拾取气缸后限位指示灯
19	真空压力开关	位指示灯	吸盘工作指示灯
20	垛机拾取吸盘电磁阀	标准按钮	垛机拾取吸盘电磁阀手动输出
21	垛机拾取气缸电磁阀	标准按钮	垛机拾取气缸电磁阀手动输出
22	包装盒吸取位电动机角度旋转脉冲数	模拟量输入框	脉冲数寄存器地址 D200

序号	名称	类型	功能说明
23	包装盒吸取位电动机垂直旋转脉冲数	模拟量输入框	脉冲数寄存器地址 D202
24	仓位第二行脉冲数	模拟量输入框	脉冲数寄存器地址 D212
25	仓位第一行脉冲数	模拟量输入框	脉冲数寄存器地址 D210
26	仓位第一列脉冲数	模拟量输入框	脉冲数寄存器地址 D208
27	仓位第二列脉冲数	模拟量输入框	脉冲数寄存器地址 D206
28	仓位第三列脉冲数	模拟量输入框	脉冲数寄存器地址 D204
29	手动模式 / 自动模式	标准按钮	该按钮按下,本单元处于手动测试状态,手动强制输出控制按钮有效

系统通信地址

系统组态通信地址见表 F-27。

表 F-27　系统组态通信地址

站名	主站(读)←从站(写)			主站(写)→从站(读)		
所有站				M1000	联机启动	
				M1001	联机停止	
				M1002	联机复位	
				M1003	联机手动	
	D10			D1		
颗粒上料单元	M828	吸盘填装限位	X20	M848	上料传送带电动机启停	Y00
	M829	推料气缸 A 前限位	X21	M849	主传送带电动机启停	Y01
	M830	推料气缸 B 前限位	X22	M850	旋转气缸	Y02
	M832	启动	X10	M851	升降气缸	Y03
	M833	停止	X11	M852	取料吸盘	Y04
	M834	复位	X12	M853	定位气缸	Y05
	M835	单 / 联机	X13	M854	推料气缸 A	Y06
	M836	物料瓶上料检测	X00	M855	推料气缸 B	Y07
	M837	颗粒填装位检测	X01	M856	变频电动机正转	Y23
	M838	颜色 A 确认检测	X02	M857	变频电动机反转	Y24

站名	主站（读）←从站（写）			主站（写）→从站（读）		
颗粒上料单元	M839	颜色 B 确认检测	X03	M858	变频电动机高速	Y25
	M840	料筒 A 物料检测	X04	M859	变频电动机中速	Y26
	M841	料筒 B 物料检测	X05	M860	变频电动机低速	Y27
	M842	颗粒到位检测	X06			
	M843	定位气缸后限位	X07			
	M844	填装升降气缸上限位	X14			
	M845	填装升降气缸下限位	X15			
加盖拧盖单元		D20			D2	
	M864	启动	X10	M880	传送带电动机启停	Y00
	M865	停止	X11	M881	拧盖电动机启停	Y01
	M866	复位	X12	M882	加盖伸缩气缸	Y02
	M867	单／联机	X13	M883	加盖升降气缸	Y03
	M868	瓶盖料筒检测	X00	M884	加盖定位气缸	Y04
	M869	加盖位检测	X01	M885	拧盖升降气缸	Y05
	M870	拧盖位检测	X02	M886	拧盖定位气缸	Y06
	M871	加盖伸缩气缸前限位	X03			
	M872	加盖伸缩气缸后限位	X04			
	M873	加盖升降气缸上限位	X05			
	M874	加盖升降气缸下限位	X06			
	M875	加盖定位气缸后限位	X07			
	M876	拧盖升降气缸上限位	X14			
	M877	拧盖定位气缸后限位	X15			
检测分拣单元		D30			D3	
	M112	启动	X10	M100	主传送带电动机	Y00
	M113	停止	X11	M101	辅传送带电动机	Y01
	M114	复位	X12	M102	拱形门检测绿色	Y02

续表

站名	主站（读）←从站（写）			主站（写）→从站（读）		
检测分拣单元	M115	单／联机	X13	M103	拱形门检测红色	Y03
	M116	传送带进料检测	X00	M104	拱形门检测蓝色	Y04
	M117	瓶盖旋紧检测	X01	M105	分拣气缸	Y05
	M119	瓶盖蓝色检测	X03			
	M120	瓶盖白色检测	X04			
	M121	不合格到位检测	X05			
	M122	传送带出料检测	X06			
	M123	分拣气缸退回限位	X07			
	M124	3 颗料位检测	X14			
	M125	4 颗料位检测	X15			
机器人搬运单元	D40					
	M928	启动	X10			
	M929	停止	X11			
	M930	复位	X12			
	M931	单／联机	X13			
	M932	升降台 A 原点	X00			
	M933	升降台 A 上限位	X01			
	M934	升降台 A 下限位	X02			
	M935	升降台 B 原点	X03			
	M936	升降台 B 上限位	X04			
	M937	升降台 B 下限位	X05			
	M938	推料气缸 A 前限位	X06			
	M939	推料气缸 A 后限位	X07			
智能仓储单元	X00	升降方向原点传感器		X20	旋转方向右极限位	
	X01	旋转方向原点传感器		X21	旋转方向左极限位	
	X02	仓位 1 检测传感器		X22	升降方向上极限位	

续表

站名	主站（读）←从站（写）		主站（写）→从站（读）	
智能仓储单元	X03	仓位 2 检测传感器	X23	升降方向下极限位
	X04	仓位 3 检测传感器	X24	真空压力开关输出
	X05	仓位 4 检测传感器	Y03	旋转方向电动机反转
	X06	仓位 5 检测传感器	Y04	升降方向电动机反转
	X07	仓位 6 检测传感器	Y05	垛机拾取吸盘电磁阀
	X14	拾取气缸前限位	Y06	垛机拾取气缸电磁阀
	X15	拾取气缸后限位		

✕ 设备图纸及资料

电子版：各单元模型图、装配图、气路连接图、电气原理图、接线图。

参考文献

[1] 王一凡,黄晓伟. 工控系统安装与调试[M]. 北京:中国铁道出版社, 2015.

[2] 叶晖. 工业机器人实操与应用技巧[M]. 2 版. 北京:机械工业出版社, 2017.

[3] 张文明,华祖银. 嵌入式组态控制技术[M]. 3 版. 北京:中国铁道出版社有限公司,2019.

[4] 张文明,蒋正炎. 可编程控制器及网络控制技术[M]. 2 版. 北京:中国铁道出版社,2015.

[5] 张同苏. 自动化生产线安装与调试:三菱 FX 系列[M]. 2 版. 北京:中国铁道出版社,2017.

郑重声明

高等教育出版社依法对本书享有专有出版权。任何未经许可的复制、销售行为均违反《中华人民共和国著作权法》，其行为人将承担相应的民事责任和行政责任；构成犯罪的，将被依法追究刑事责任。为了维护市场秩序，保护读者的合法权益，避免读者误用盗版书造成不良后果，我社将配合行政执法部门和司法机关对违法犯罪的单位和个人进行严厉打击。社会各界人士如发现上述侵权行为，希望及时举报，我社将奖励举报有功人员。

反盗版举报电话　（010）58581999　58582371
反盗版举报邮箱　dd@hep.com.cn
通信地址　北京市西城区德外大街 4 号　高等教育出版社法律事务部
邮政编码　100120